恰如其分的害羞

SIG HEJ TIL DIN

Skam

〔丹〕伊尔斯·桑德 著　冯力德 译

高敏感者
自我成长之路

台海出版社

北京市版权局著作合同登记号：图字01-2021-4271

SIG HEJ TIL DIN SKAM (SAY HELLO TO YOUR SHAME) by ILSE SAND
Copyright: @2021 BY ILSE SAND
This edition arranged with ILSE SAND
through BIG APPLE AGENCY, LABUAN, MALAYSIA .
Simplified Chinese edition copyright:
2021 Beijing Sunnbook Culture &Art Co., Ltd
All rights reserved.

图书在版编目（CIP）数据

恰如其分的害羞：高敏感者自我成长之路 ／（丹）
伊尔斯·桑德著；冯力德译. -- 北京：台海出版社，
2021.11
ISBN 978-7-5168-3148-9

Ⅰ. ①恰… Ⅱ. ①伊… ②冯… Ⅲ. ①情绪—自我控
制—通俗读物 Ⅳ. ①B842.6-49

中国版本图书馆CIP数据核字(2021)第199770号

恰如其分的害羞：高敏感者自我成长之路

著　　者：〔丹〕伊尔斯·桑德　　　　译　者：冯力德

出 版 人：蔡　旭
责任编辑：赵旭雯

出版发行：台海出版社
地　　址：北京市东城区景山东街20号　　邮政编码：100009
电　　话：010-64041652（发行，邮购）
传　　真：010-84045799（总编室）
网　　址：www.taimeng.org.cn/thcbs/default.htm
E-mail：thcbs@126.com

经　　销：全国各地新华书店
印　　刷：北京世纪恒宇印刷有限公司
本书如有破损、缺页、装订错误，请与本社联系调换

开　　本：710毫米×1000毫米　　　　1/16
字　　数：102千字　　　　　　　　　印　张：10
版　　次：2021年11月第1版　　　　　印　次：2021年11月第1次印刷
书　　号：ISBN 978-7-5168-3148-9

定　　价：52.00元

目
录

敢于脆弱的勇气

很多人以孤独的方式逃避自我，

却不愿冲破孤独，

去过一种敢于脆弱却心性开放的生活。

　　在寻找造成自己所有问题的原因时，人们可能很少会想到羞耻感。羞耻感往往很隐蔽，被其他问题掩盖，如过度自我压抑、自我贬低、疲于面对社交场合，还有处理亲密关系时的问题等。

　　写这本书的过程中，我一有机会就问别人："有没有让你感到羞耻的事情呢？不用说具体是什么事让你感到羞耻。"

被问到的人大多会点点头，接着转过头说："但我不会讨论这个话题。"

还有人一开始不明白我在问什么，为了让他们明白，我会问："你身上有没有不想让其他人看到的东西，或者有没有发生过什么你不想让别人知道的事情，又或者你永远不希望被别人发现的缺点？"

听到这些问题后，更多的人会点头说"有"。

偶尔也有人会呛我一句："我没有什么可羞耻的！"或者说："我没做什么可羞耻的事！"

我知道他们其实是在说："我不会因为你说的话而感到羞耻。"

但有时候他们确实感到羞耻了，只是自己没有察觉。认为自己为某些事感到羞耻没什么大不了的，但他们的身体会因为羞耻而做出本能的反应（比如眼睛向别处张望，或者盯着自己的脚尖看）。

作为牧师和心理治疗师，我听很多人倾诉过让他们感到羞耻的事，他们因此而感受到的痛苦和孤独的强烈程度令我震惊。但诉说过后，他们的身上就会发生一种令人吃惊的变化，简直就是奇迹：他们开始深呼吸，脸部肌肉和身体都会放松，看上去不再像之前那么紧张和痛苦。

向别人吐露内心的情绪会让我们得到解放，变得轻松。你甚至会想，为什么要等这么长时间才能鼓起勇气和别人说"我觉得自己有问题"（如果我们能鼓起勇气说出来的话）。

我三十多岁开始做第一份牧师工作时，经常和一群对心理治疗感兴趣的牧师在一起。我们想更深入地了解彼此。

有一天，一位比我年长几岁的女牧师对我说："你看上去很脆弱。"虽然以前也听别人这样说过，但这次我实在无法忍受，觉得这是人身攻击，我立即反诘道："我觉得你说的脆弱是在说你自己，而不是我。"从此以后，我就不愿和她照面，也尽量表现得强悍一点。

在我成长的环境中，如果不表现得态度坚决，意志坚强，就没有人会站在我这一边。如果想受人尊重，得到重视，我就必须能干，必须事业有成，或者有别的拿得出手的东西。我不敢正视自己，不敢去想那个牧师说的话是不是有点道理。

当时我没有意识到，听到别人说我脆弱时觉得不自在，其实就是一种焦虑。但我意识到自己非常尴尬和愤怒，我的脸部肌肉好像都不听话了。我想笑，想表现得自信一点，眼睛却开始游移，那种神经抽搐的感觉令人困扰。我的声音听起来很微弱，脸上也表露着我在掩饰内心深处的情绪。当时我的感觉就好像不光是脚下的地毯，甚至下面的一切都被抽空了，我就站在空气中。

几年后我才鼓足勇气承认、正视自己的脆弱，做到这一点时，竟然发现令我深感羞耻的那种脆弱，往往是别人喜欢的东西。或者说，我身上的这种脆弱恰恰是男人们着迷的个性特征。

羞耻中夹杂的焦虑通常并不像我所经历的那么多，人们有不同程度的焦虑，本书后面的章节会更深入地讨论这一点。

本书用简明直接的语言说明羞耻感是如何产生的，为什么有些人会莫名其妙地过于羞耻，如何了解你的羞耻感是不是被其他问题掩盖了，还会讲到如何克服羞耻感，让自己的内心更加自由。这本书于任何对心理学或个人发展感兴趣的人来说都有意义，对那些觉得自己有问题的人尤其有帮助。

从根本上讲，羞耻（及其背后的自卑）是人们对自我感知中的不安感的反应。有些人只会因为自己身上的某一点感到羞耻，有的人却深受羞耻感的束缚。无论你的羞耻感程度如何强烈，你都可以从本书介绍的工具中获益，帮助你摆脱羞耻感带来的部分压力。

其实，羞耻感并非一无是处。比如，我们会在别人面前尽量克制贪欲，因为不加克制会让自己蒙羞。但本书大部分内容讨论的是羞耻感的负面影响，以及如何才能摆脱其困扰。

羞耻感有一点特别令人讨厌，就是我们往往会为自己的羞耻感而感到羞耻，因此不想向他人求助。我看到太多的人以孤独的方式逃避自我，却不愿冲破孤独，去过一种敢于脆弱却心性开放的生活。

羞耻感可能会毁了我们的生活。它会让你竖起一块屏障，隐身其后，躲避的不只是他人，还有你自己。这块屏障会挡住亮光，让你看不清周围的事物，就像一扇弄脏的窗户，扭曲了你与外界的交流。

好在我们有办法。读读那些勇于承认羞耻的人的故事，会让你受到鼓舞，他们的勇气会感染你。正是出于这个目的，我在书中收录了许多已经摆脱羞耻感和自我压抑的人的现身说法。

书中还提供了几种工具，开始时你可以借助它们打破这块屏障，让亮光照进你的心房。这道亮光会驱散让你无法认清自我的羞耻的迷雾。当能够清楚地看到事物真相时，你就会意识到可以摆脱羞耻感的压制。

你没有错，即使你认为自己有问题，错也不在你，只是因为你的生活中发生了一些糟糕的事情，但不是所有的问题都是你造成的。

本书每章末尾都有一些练习，可以帮助你加深对羞耻感的理解，有的还可以帮助你摆脱羞耻感。有些练习可能会让你情绪爆发，因此在开始练习之前，最好联系一位朋友，确定你可以在练习过程之中或之后和他谈谈心。

另外，接下来有一个测试，可以用来测评羞耻感给你造成的压力。你可以在开始读这本书之前先做测试，也可以等读完后再做。如果你确实不想做，也可不做。在阅读过程中，你可能会意识到自己的羞耻感程度。做完测试之后，你还可以读一读我提供的几个建议，了解我们在羞耻感测试中得分较高的话有哪些积极作用。

羞耻感（背后的自卑感）大声对你说："你一无是处，放弃吧！不要让别人发现，躲起来！"我希望这本书能给你直面自卑的勇气，帮你走向外面的世界，张开翅膀，认可自己，坚持自我！

伊尔斯·桑德

2021 年 5 月于霍尔德霍维德加德

- -

附： 你 是 否 受 到 羞 耻 感 困 扰 ？

测 试 一 下

↓

即便你不愿意承认测试里问到的许多性格特征，测试时也请务必诚实。你可以不把测试结果告诉任何人。

测试得分高，并不意味着你有什么问题，它只是在一定程度上说明，人们很少看到你真实的一面。

请你凭第一感觉回答问题，不要想得过多。本能往往会比大脑和理性更迅速、诚实地作答。

做完测试后再看结论，否则你的测试结果会受到影响。

在每句话后面做好数字标记。

- -

你有五种选择：

0 – 完全不相符

1 – 有一点相符

2 – 部分相符

3 – 基本相符

4 – 完全相符

1. 当有人对我表现出强烈的兴趣时，我会认为那只是因为他还没有发现我的缺点。

2. 当我问了一个别人都知道答案，我也理应知道答案的问题时，我会恨不得钻到桌子下面去。

3. 过去发生的一些事情令我感到尴尬。

4. 社交场合往往让我感到疲惫。

5. 不知道说些什么的时候，我会担心别人怎么看待我的沉默。

6. 我有时希望自己可以在社交场合中表现得更自然、大方。

7. 当我理解错了一个问题，而且我的答案很明显说明我误解了这个问题的时候，我会感到尴尬，而且一连好几天生自己的气。

----

8. 当我要向一群人说些什么但是发现没有人在听时，我会感到非常不安，想在没有人注意的情况下逃走。

9. 当对话中出现停顿时，我会感到焦虑，想要拼命搜寻话题来打破沉默。

10. 我在任何人面前都不能完全坦承我的脆弱（心理治疗师或心理咨询师除外）。

11. 当我下班后去酒吧或者参加派对的时候，我非常担心自己说的一些话听上去很蠢或被人误解。

12. 在社交场合中，我不敢直接表达我的想法、情绪或期望。

13. 如果我问别人想不想有空聚一聚时被拒绝，我会害怕这个拒绝意味着我自身有什么问题。

14. 我需要更好地控制自己和自己的情绪。

15. 发现自己嘴角或牙缝中有食物，会毁了我一天的心情。

16. 我会尽全力掩盖我颤抖的手。

17. 如果有客人临时来访而家里又很乱时，接下来几天我的心情都会受到影响。

18. 当对话中出现停顿，我又想不出说什么的时候，我会感

- -

到紧张。

19. 工作中犯错后，我害怕别人会看不起我。

20. 我经常不好意思去做我想做的事，因为我不知道别人会怎么想我。

21. 我曾经有一次或多次担心自己会精神崩溃。

22. 如果别人看到我因为不开心而脸部颤抖，我会感到尴尬。

23. 即使我知道自己在讲实话，如果有人认为我在撒谎，我还是会怀疑自己。

24. 当别人以一种严厉、不屑或居高临下的语气和我讲话时，我不会叫他们停下，因为我确信自己不值得他们尊重。

25. 在社交场合中，我通常会最先感到疲惫，想要离开。

将所有数字加起来，总分在 0~100 之间。

你可以将结果写在此处：

```
|||||||||||||||||||||||||||||||||||||||||||||||||||||||||||||||||||||||||||||||||||||||||||
0    10   20   30   40   50   60   70   80   90   100
```

- -

有 200 名志愿者接受了这个测试，他们的平均分是 44。

做这个测试的志愿者是我的一些朋友和社交媒体上的粉丝。其中大多数属于两种性格类型：一种是非常敏感的人，另一种是正在努力提升自我，而且在一定程度上克服了羞耻感的人。第一类测试者打的分数可能普遍偏高，第二类测试者打的分数可能普遍偏低。总之，这个平均分和随机挑选出一组测试者做出来的平均分不会相差太多。

大胆测试

仅凭一个测试不可能全面了解一个人的情况。测试无法覆盖人性的诸多方面，肯定会遗漏许多细微的特征。同时，测试结果会受到你接受测试时的情境和心情的影响。也许那天你心情不好，或你正处于人生中非常艰难的阶段，这样你的得分会比平常高一些。

致得分低的人

你是一个强健的、不会被轻易打败的人，你应该为此感到

高兴。

很可能在你孩提时期，至少有一个能够以富有爱心的方式关注你、理解你并对你做出回应的人。或者，你得分低是因为你在努力提升自我，并且培养了一种强大的自我意识。

给得分高者的建议

我希望你的高分可以帮助你更好地认清自己，让你更容易用充满爱的眼光来看待自己。你的人生比较艰难是有原因的，这不是因为你有什么错。你天生就是你应该成为的那个人，只是，过去发生的一些事让你对自己深感不安和怀疑。

一辈子被羞耻感所困会让人非常疲惫。不过你可以让自己过得更轻松一点。

寻找合适的帮助者

带着与羞耻有关的问题向别人求助，也许会让你感到非常不舒服，但我们还是要寻求帮助。在一段关系中被破坏的东西必须通过一段新的关系来修复。渐渐地，你就可以学会用关爱的眼

神来看待自己。但首先，必须有另一个人用同样关爱的眼神来看待你。

你必须谨慎地选择帮助者。不论是朋友、心理治疗师还是心理咨询师，你选择的人必须是擅长与他人共情的人。这个人必须多听少说，不能是个非常健谈、喜欢争执的人。

只是在认知层面上和你理性地交流没有什么用，他还必须能对你的肢体语言做出反应，愿意听你讲述生活中的重要事件，这样你就可以在之前从未被真正看见、听见的情境中，体验到被别人认真聆听的感觉。你需要足够的时间，和对方建立一种能让你安心地说出羞耻的事情的人际关系。

有一点非常重要：帮助你的人必须是自我意识已经得到提升、能坦然面对自己的羞耻感的人，否则他很有可能会忽略你的羞耻感，或想说服你不去想这件事。

你需要一个能够通过语言和其他方式来帮助你的人，他能给你一种亲密接触的体验，一种被他人了解和回应的体验。这样你才能慢慢坦然面对那些不和谐的互动关系对你造成的伤害。

非常好的成长机会

　　慢慢地，你也可以培养出与那些在童年时期就形成了健康的自我意识和自尊的人一样的自信。自幼培养的自我意识和现在努力培养的自我意识有所不同——前者也许更加强大，而后者，从另一方面来说，是在用其他的方式使你变得更加强大。

　　在努力找寻自我的过程当中，你会偶然发现意识深处未曾发现的东西，这会使你的性格产生微妙的变化，挖掘出可以让你的世界更加丰富多彩的才能。此外，在这个过程中，你还能培养同情心，同情别人，也同情自己。渐渐地，你就能与他人建立起更深的情感共鸣。

第
一
部
分

直 面 羞 耻

羞耻是个让人难以启齿的话题。我们经常会因为自己感到羞
耻而羞耻，而且不愿谈起。你甚至意识不到羞耻也是令你感
到孤独和忧郁的原因之一。

有时候，即使理智告诉你并没有什么可羞耻的，你还是会有
羞耻感。比如，当你准备告诉别人你失业时，你的心会突然
狂跳不止，眼神也开始游离，这都会让你感到措手不及。羞
耻感根植于我们内心深处，我们无法用正常的理智去消除。

有两种情况让人放不下羞耻：一种是持续关注通常让你感到
羞耻的事情，另一种是持续关注能在更深层次上滋养羞耻感
并使之爆发的事情，尽管你并没犯什么大错。

羞耻感是一种社交情绪

有些人会为了摆脱羞耻感而选择独自生活，

却因为孤独而更加羞耻。

内 容 小 结

人们会体验到不同程度的羞耻感，从轻度不适到绝对压倒性的尴尬，或觉得自己一无是处。

羞耻感中有一种害怕被排除在群体之外的恐惧，比如婚姻或伴侣关系、所属群体乃至整个社会。

与内疚感不同的是，羞耻感不会因为道歉或采取补救措施而消失。

羞耻感是一种社交情绪。羞耻感最大的好处是让你能够应对社交场合，而最大的坏处是：如果你有个反应过度的"传感器"，你就会因为稍微表现得有点与众不同而被一种非常尴尬的羞耻感压倒。

人们感到羞耻的原因各不相同，但有些场合更容易让人羞耻，这样的场合通常使我们感到脆弱不堪，无力应对。

　　羞耻感是一种觉得自己有某种问题、不被他人所爱的感受。按照奥尔胡斯大学卡斯滕·史格博士的说法，"羞耻"一词与"掩盖"有关联，意思是让什么事物或什么人不为别人所见。

　　这种说法可以帮助我们确定自己的感觉是不是羞耻感。如果你总是想躲避他人的目光，答案可能是肯定的，也就是你有羞耻感。每个人羞耻的程度不同。如果羞耻感非常严重，我们就不会同情自己，而是对自己刻薄至极。

　　下面是羞耻感强烈程度分级：

憎恶自己

讨厌自己

感觉自己不配做人

感觉自己在所有方面都有问题

感觉自己在很多方面有问题

对自己身上的某一点感到羞耻

感到自己处境非常尴尬

感到自己处境很尴尬

感到自己处境尴尬

感到自己处境有点尴尬

感到自己处境有一丝尴尬

最轻微的是一丝转瞬即逝的羞愧或尴尬，这种感觉会不知不觉地消失，你可能会意识到自己偶尔在躲避别人的眼神。

如果羞耻感程度较高，你可能觉得脸颊变得冰凉或发热。羞耻感程度越高，你就越会有一种冲动，想让自己变得渺小，不想引人注意。你可能会不自觉地低头耸肩，把身子缩进椅子里。

让人感到羞耻的因素有多种，且因人而异。这些因素会因社会文化、家庭环境、职场规则等不同而不同。对一个人来说微不足道的小事，可能会让另一个人深感羞耻。你可能会因为读错字、衬衫上有个污点或发错了表情包而感到羞耻，而别人对这些事情可能不屑一顾，甚至根本不会去想。

羞耻引起的焦虑

如果感到羞耻，你会担心自己的事情被别人发现，被所属的群体排除在外。这种焦虑感非常强烈，因为我们的大脑在某些方面仍然像远古时代的人类生活在稀树草原上那样运转。那时，一个人被逐出部落意味着必死无疑，因为当时单独一个人绝对是野生动物唾手可得的猎物。

正是因为这一点，人才有情绪和身体反应。比如，当有人注意到你的手在颤抖时，你可能会感到恐惧，好像你的生命处于危险之中。这种危险在人类远古时代和你需要被别人照顾的孩提时代都实际存在。

让人羞耻的情境

下面列出一些通常会让人羞耻的话题或情境，这样的话题或情境不胜枚举。

你的外表

外表可能是具体的，比如你的身体或衣着，也可能是你脏乱的房子或汽车。

有一天，我发现我忘了拉上裤子的拉链。糟糕的是，当时我一直在上课，站在全班人面前，却对此浑然不觉。这可太尴尬了。

雅各布（56岁）

自从体重增加了5公斤以来，我就没有露出过自己的肚子。比如在海滩上，以前我可能会穿比基尼，并不觉得有什么问题，但现在我肯定要穿一件外套，不管天多热，都不会脱下来。

梅雷特（45 岁）

情绪

你可能会为自己的情绪感到羞耻。如果你觉得时机不恰当，比如，当你发现自己的收入超过对面的同事时，你可能会尽量掩饰自己的幸福感。不过，最常见的情况是，我们会为负面情绪感到羞耻。

许多人在别人发现自己很紧张时会觉得尴尬，下意识的反应是遮掩自己抖动的手或汗津津的腋窝。我们也可能会因为自己为某些事情烦恼而感到羞耻。

我男朋友经常送我花。起初，我真心为他的体贴感到惊喜。但迄今为止他送花的次数太多了，我很难像以前那样表现得那么激动。有时候我都不愿找花瓶装他送的花。

我尽量表现得很开心，但是心里会为他送的花打扰了我的生活而烦恼。希望他不会看出这一点来。

皮亚（28 岁）

你可能还会因为无法产生某种情感而感到羞耻。例如，当你对礼物不满意，或者当你对相亲对象（或别人认为你会有好感的人）没有产生对方预期的好感时。

需求

可能你知道自己有某种不愿让他人知道的需求。

> 为了晚上有精力做事，我白天必须小睡片刻。好在我上班时可以挤出时间，每天下午2点到3点之间会躺一会儿。这一点只有我妻子知道。如果我睡着的时候有人敲门，我会担心自己是不是锁上了门。午后睡觉让别人看到，我会觉得很尴尬。
>
> 奥利（55岁）

或者可能是一种你认为不正当的欲望。

> 尽管我很爱妻子，但有时也会对别的女人着迷，我能够感觉到自己的欲望。这一点可不能让任何人发现。
>
> 莫顿（57岁）

人无法选择自己的需求或欲望，你不必为此自责。但这样的需求或欲望确实会让你深感羞耻。

生活情景

如果你现在的处境不尽如人意，比如你长时间单身，没有孩子或工作，你往往会觉得别人看不起你。

自从开始领取政府救济金以来，我都不大想出门了。我讨厌人们问我做什么工作，有时候我会撒谎。我竟然会做这样的事，自己都感到害怕。但说出真相真的太痛苦了，我好像自己给了自己一份体面的工作。

延斯（59岁）

成为失独老人后，我周六晚上就不再出去散步了。虽然我需要呼吸新鲜空气，需要锻炼，但我还是选择待在家里。周六晚上一个人去外面散步，好像在告诉别人我有多么孤独。

艾琳（62岁）

你希望避开的场合，或你和某种缺点联系在一起的场景，很容易让你觉得自己做错了什么，或者让你觉得自己不如别人，这样你就会感到羞耻。

理想的自我形象坍塌

许多人觉得自己有问题，特别是在为人父母方面，总觉得不够完美。

在孩子出生之前，我相信自己可以成为一个好妈妈。我读过一些儿童心理学方面的书，了解许多有关育儿的知识。但事实证明完全不是那么回事。

我尤其记得那个下午，当时已经连续下了8天的雨，我一个人在家陪伴孩子们。我尽量表现得开心乐观，但最后我筋疲力尽，坐下来哭了。我觉得让孩子们看到我这副样子实在太可怕了，我的反应肯定会让他们感到不安。

丽丝（43岁）

当别人对你不好时

别人对你做的事也可能让你感到羞耻，但实际上应该感到羞耻的可能不是你。被性侵和遭受暴力的受害者会感到羞耻。我们许多人都不希望别人看到自己被虐待，甚至也不希望别人看到自己被他人拒绝、忽视或者遗忘。

我们可能需要很多年的时间，才能鼓起勇气向他人讲述发生在我们童年时期的那些事。

　　小时候，别人总是拿我和姐姐比较，这不公平。爸爸说我应该向姐姐学习，尤其应该学习她的努力和冷静。我在学校里很难赶上其他同学，而且无法安静地长时间坐着。

　　现在有人问起我的童年，我总是说挺好的。从很多方面来说，我的童年确实过得挺不错，但我以前从来没告诉过别人我小时候的内心感受，我因此变成了一个孤独的孩子。

阿格涅茨（18岁）

　　我们长大以后，也会遇到这样的情况。

　　我从未告诉过妻子我被降职的事情，我只是说公司给我调换了工作岗位，但压根没提一位年轻的同事接任了我原先的重要职务，而我被调到一个不太重要的部门任职。

亨宁（57岁）

　　被别人羞辱或者被别人恶意相待，会加深我们的羞耻感，让我们恨不得躲起来。

缺点或依赖性

各种缺点和无助的感觉也会让人感到羞耻。

我快要离婚了，好几天没睡好，但我还得去上班。我尽量表现得从容淡定，好像能够应付一切问题。但是我的笑容僵硬，表里不一，不得不掩盖内心的无助，这样的感觉太可悲了。

玛丽亚（42 岁）

我有抽烟的习惯，这让我很尴尬，所以我会想办法不让别人看到。甚至和最好的朋友在一起时，我也会躲在屋后抽烟，这样她就无法透过窗户看到了。

夏洛特（48 岁）

我的心理治疗师问起我内心的感受时，我能感觉到让我羞耻的不是我受到了别人的辱骂，而是我当时没能反击。

彼得（45 岁）

羞耻感的核心是一种无助的感觉。我们总想让别人看到自己坚强的一面，对自己和自己的生活有足够的控制力，但事实是没有人能够一直坚强。

莫名其妙地认为自己出了问题的感觉

你可能会觉得很尴尬，但不知道究竟是什么原因。可能你感觉到自己有些缺点，只是还没有发现到底是什么缺点。

十几岁的时候，我有种奇怪的感觉，觉得我的背上很脏，但每次脱下衣服看，却发现并不脏。

有时候站在商场里，我会突然产生一种很不舒服的感觉，觉得什么地方不对劲，而且别人都能看到——只有我自己看不到。

梅特（32 岁）

你为别人感到羞耻

如果你觉得与某个人的关系让你尴尬，当别人看到你和这个人在一起时，你会觉得羞耻。

这个人可能是你的父母，他们可能喜欢喝酒，很穷或很胖；也可能是你的伴侣或子女，他们看上去或者他们的做事方式让你觉得尴尬。

我弟弟得了脑瘫，只能坐在轮椅上。小时候，家人们周日去外面散步，我会走在所有人前面或后面几米处。想想独自走在路上的男孩有多孤独。

　　我怕别人看到我和弟弟在一起，同时我也觉得自己很差劲，因为我居然不想让别人把他和我联系起来。

波尔（52 岁）

　　我爸爸站起来讲话时，我真的想钻到桌子下面躲起来。但我没有，我只是低头看着我的餐巾，看起来我像是在认真听，这样大家就不会发现我有多么尴尬。

汉恩（32 岁）

当你看到别人做错事时

　　你可能会因为与己无关的事情感到尴尬。随地小便的醉汉会让路人感到窘迫；有人说了什么非常愚蠢、令人尴尬的话，周围的人也会产生一种不自在的感觉；有人嘴角沾着食物，或以居高临下的方式跟别人说话，也会给其他人不舒服的感觉。

　　和害羞一样，窘迫和尴尬也是与羞耻相关的情绪。

　　我们说过，上面所说的这些让人感到羞耻的情境只是一部分，同样的案例数不胜数，我们可以通过这些情境去了解羞耻感。

羞耻与内疚的区别

内疚是由我们做过的事引发的情感，而羞耻则可能是由与我们相关的任何事情（做过的和未做过的，感受到的和未感受到的）引起的。

你一般能说出因为做过或没做过什么而感到内疚。但羞耻不一样，你可能会感到羞耻，但又说不出为什么。你可能只有一种模糊的感觉，觉得自己出了什么问题，而且担心别人会发现你的问题，才会躲着你。

同样一种行为可能会让人感到既内疚又自责。假如你对自己的亲人暴跳如雷，冲他大吼大叫，事后又觉得内疚，希望能够收回自己说的话，你会因为所做的事而感到羞耻。"这说明我是个什么样的人？说明我是个白痴，是个坏人？"

如果觉得内疚，你可以承认错误，可以说："我错了，对不起。"你这样做会表现出你的人格尊严。

如果你为所做的事感到羞耻，你可能会说："我没做过这样的事。"你害怕你的行为会暴露你是什么样的人，当你从自己的行为中了解到自己是个什么样的人，你会感到后怕。

你可以通过道歉，为了弥补过错做点什么，比如送花给他，或者带他去外面吃顿饭，这样你的内疚感会减轻一点。但羞耻感不一样，它不会轻易消失，会让你怀疑自己，怀疑你作为人的价值。

内疚	羞耻
与你做的事有关	与你对自己的认知有关
影响你的自信心	影响你的自尊
你感到需要采取行动	你感到无助和被动
道歉可以减轻	道歉没有意义
你通常有办法弥补	你无法弥补

尽管内疚感和羞耻感经常同时出现，但我们很有必要区别这两种情绪。为了帮助自己摆脱这两种情绪，你需要区别对待它们。

羞耻感是内心的警示器

好比你身体里有一个"传感器"，像是温度计或气压计，可以持续监测你离所属群体可以接受的极限还有多远。

这个"传感器"会在别人看你时监控他们的眼神，并注意这个群体中的成员如何谈论彼此。比如，有的群体会赞扬那些特立独行、与众不同的人。在这种情况下，你的"传感器"就会放松警惕。

但是，如果你所属的群体经常说别人坏话，比如诋毁失业者，你很可能就不愿说出你现在失业了，或者曾经失业过。如果你所属的群体中大家会随意评价别人，你可能会退缩，不愿意抛头露面。

如果你内心的那个"传感器"担心你做的事会超过这个群体可以接受的程度，就会以羞耻的形式向你发出警示。这时你会目光低垂，脸色发红或发白，心跳加速，去想如何摆脱这种尴尬的境地。

你内心的"传感器"努力确保你不会做出任何可能自绝于群体的事情。你安静独处时，这个装置可能会开小差，但它也可能像玩偶盒一样突然弹开，让你内心警觉起来。

这个装置也会报假警，因为它没有及时得到更新。比如，它还是会认为，一旦展露出脆弱就会被逐出群体。出现这种情况的原因是，当今社会已经和我们大脑进化的那个时代不一样了，在竞争中胜过别人已经不像以往那么重要了；相反，那些敢于表露真实自己的人更容易和他人联络感情。

敢于暴露自己的不足和脆弱，对于新型的人际关系和亲密关系来说至关重要。人类在稀树草原上生活的时代，生存是首要问题，但今天我们有时间和精力去追求幸福，而建立情感联系的能力才是幸福的基础。因此，与远古时代不同，如今爱的能力和做事的能力同样重要。

当你觉得自己缺乏内心力量支撑时，这个"传感器"也会报假警，让你无法确信自己没有什么问题。"传感器"表明你处境危险，而且即将越界。

你可以在下一章中详细了解自我形象的不安感是如何形成的。

羞耻感是一种社交情绪

"传感器"功能不佳的人，不太懂得有他人在场时应该怎样表现。比如，他们可能会主导群体中的对话，对可能想发表意见的人视而不见；他们还可能会问别人一些过于私密的问题，却感觉不到对方的尴尬；有时候他们见面时拥抱别人的时间过长。

你的羞耻感的反应如果比较轻微，时间不长，可能是件好事。这种反应可以让你适应周围环境，这样你就不需要别人告诉你哪些地方做错了；这种反应也可以提醒你，免得你在同事、邻居或家人中间不受欢迎。

但如果你在所属的群体中显得与众不同，或想到这一点时你的"传感器"马上做出羞耻的反应，就有问题了。即使有机会拉近与别人的关系，让你爆发出创造力，你也可能会退缩。

因为羞耻感是一种社交情绪，如果你一个人独处荒岛，很难产生羞耻感。具有强烈羞耻感的人，大部分时间都会选择独处，这样的生活方式会让他们更轻松。但是，如果他们因为独处而感到羞耻的话，这样做可能会让他们更加羞耻。

这样会造成恶性循环：有人会为了摆脱羞耻感而选择独自生活，但这样他们会因为孤独而更加羞耻。

人不仅在独处时才会感到孤独，即便你和很多人在一起，也可能会有身处荒岛的孤寂感。

练 习

想想哪些场合会让你感到羞耻，把它们列出来。

想想你的"传感器"是否会在一些场合放大你抛头露面可能带来的风险。

想出一个让你感到内疚或羞耻的场合。看看你能不能发现内疚感和羞耻感的区别。

_____

_____

_____

_____

第二章

习惯性羞耻

👀

习惯性羞耻是一种持久地认为自己不值得为他人所爱

或自己有什么问题的感觉。

习惯性羞耻源于不和谐的互动。

内　容　小　结

为了养成较强的自尊心和健康的自我意识，你需要从别人的言行举止中得到肯定。如果你向儿时的看护人表达某些情绪，但总是收到扭曲的反应或被无视，你就会觉得羞耻，觉得自己有什么问题。

如果儿时经常如此，你就会发现你对自己的某些方面并不了解。所以，当你所处的情境需要你做出以前从来没得到过的反应，如开心或生气时，你会有一种不真实感，或者觉得自己有什么问题。

短时间的羞耻感是一种健康的反应，能在你的行为即将超出别人接受范围或你所属群体接受范围之前向你发出警示。如果你一直觉得自己有什么问题，就会形成习惯性羞耻。这种羞耻感持续的时间越长，你就越容易在感到羞耻时反应过度。因为这种感觉经久不散，你会一连好几天为之所困，经常有想逃离、躲避的冲动。

你可能会很长一段时间过得很开心，很少感觉到这种习惯性羞耻。但生活中的很多事情可能会触发习惯性羞耻，让你觉得自己有很大的问题。

如果你经常有不和谐的互动体验，就会产生习惯性羞耻。

我们和别人关系融洽时会有安全感，特别是与别人有眼神交流时，会有一种归属感。与人对视时你可能会觉得他们明白你的意思，理解你；当我们以相同的语气交谈，感觉互相之间很有默契时，说话的声音会让我们有一种归属感；当别人看着你的眼睛并以一种真正理解的方式回应你时，你会感到强烈而稳定的幸福感和归属感。

但如果别人的反馈和你发出的信息不在一个频道上，你可能会感到困惑，或者感觉跟这个人不合拍。这种不合拍就是我所说的不和谐的互动。

经过几次尝试之后，我终于告诉男朋友我怕失去他，我希望他能知道我有多脆弱，跟我说话时能温柔一点。但他淡漠地看着我说："这也是可能的。"他说话的样子好像在讲他新买的自行车。我感觉自己完全被他拒绝，没有丝毫安全感。

安妮塔（28 岁）

如果安妮塔很自信，她可能会认为男友只是当时不想亲近她，或者没明白她的意思。也许她当时就会对他施压，问他是否明白。

当你说的话和收到的反应不匹配时，要坚信自己是一个有价值的人，不要对自己失去信心。如果你不够自信，就很容易担心自己有问题。

自尊心与自我意识

自尊心是你对自己的重要性和价值的认可程度。如果别人对你感兴趣，而且尊重、认可你，那么你的自尊心就会得到满足。自尊源于良好的体验——感到自己受到他人关注、重视和喜欢的体验。

自我意识在某种意义上来说是对自己的一种评价，或者说是对自己的一种感觉。从出生起，我们就四处张望，渴望找到一双可以对视的眼睛。我们通过其他人对我们的反应了解自己，特别是通过别人看我们的方式认识自己，这样我们才能确信自己内心的感觉是真实的，可以接受的。这是自我意识形成的过程。

自尊心和自我意识分别是你对自己的评价和对自己的感觉，它们都与你作为一个人的身份有关。但自信不一样，自信是对自己能力的信任。你可能是班上的佼佼者，自信满满，但你可能对自己是个什么样的人并没有很深的认识。自信源于让你觉得自己可以做得很好的体验。

自信无法让你彻底摆脱羞耻感。你对自己值得被爱的信念可以是微小的，但同时你也可以对自己能在生活中取得的成就充满信心。如果有强烈的自尊心和坚定的自我意识，你可能不会轻易受到羞耻感的影响，也不会受到羞耻感的严重伤害。如果别人对你充满关爱，你会拥有强烈的自尊心和自我意识。

当感到羞耻时，你的反应会有多强烈或持续多久，取决于你的自我意识和自尊心的强弱。这两者都靠积极的互动养成，特别是与那些照顾你幼年生活的人之间的互动。

感觉到真正被人理解

眼神接触可以让人从心底深处感到愉悦、安心。有些人的眼神坦诚、平静，让人愿意面对，愿意让他们了解自己。感觉到别人真正了解自己是一种很强烈、很积极的体验，可以这么说，这种感觉只有在别人对你坦诚相待，愿意让你了解他的想法时才会有。

这时你会感到自己和他在同一个频道上，你从他的眼神、语气、用词和肢体语言中认识自己。你可能会有一种小孩子被人充满关爱地拥抱的感觉。这种体验往往会打动双方，你会感觉到你向他展示的那部分自我就在被他理解和认可的一瞬间得到重生。

可能你们完全不需要借助语言交流信息。

和谐、恩爱而且有足够的时间和精力照顾孩子的父母，能很自然地适应孩子的表情、声音、肢体语言，这会给孩子积极的体验。父母和孩子很快就会合拍，孩子能够从父母的反应中认识自己，这对孩子感知和认识自己至关重要。这样，孩子就会形成稳定的自我意识和强烈的自尊心。

扭曲的"镜子"

有的父母无法理解他们的孩子，并做出反应。他们可能有自己无法解决的问题，可能以前别人对他们的反应不好，所以他们现在需要动用全部的精神力量才能治愈伤口。

当孩子和父母对视，孩子想从父母的眼中寻找对自己的认知时，如果父母不能以充满爱心的态度做出回应，那么孩子会因为父母眼中的漠然而感到迷惑和困扰。

最糟糕的情况是父母和孩子的角色互换，孩子反过来努力和父母合拍，为了让父母安心，对父母的言行做出积极的反应。如果父母无法理解孩子，无法对孩子的行为做出适当的反应，孩子只能去适应父母。

孩子会尽量以让大人安心的方式做事，大人就不会为自己做得不够而感到抱歉，也不会心怀不安。但孩子可能会迷失自己，变得容易感到羞耻，甚至对生活产生一种虚幻感。

很少有父母完全无法和孩子合拍，大多数父母都是在某些方面无法与孩子合拍，因为他们自己有各种问题需要面对，或者因为孩子有负面情绪而怀疑自己。

我儿子小时候哭闹时，我总是担心自己做错了什么，不是个好妈妈。我疲于应付，只能想方设法逗他开心。

玛丽（56 岁）

　　实际上，当玛丽通过儿子的行为认识自我时，他们的角色对调了。她没去认真观察、理解儿子的情感体验，反而总是想自己是不是个好妈妈。

　　儿子得不到适当的反应，也就无法从妈妈的反应中认识自我。妈妈没有告诉他："你看上去不开心，没关系。"玛丽没有用自己的表情、语言或肢体语言对儿子的情感或情绪做出反应，这意味着他不会形成一种应对不开心情境的自我意识。他得到的反应是："你根本不存在。"这种"不存在"的体验是羞耻感的核心。

　　玛丽不是坏妈妈。她只是没有能力表达情绪，她下意识地想获得这种能力，所以才会在儿子面前手足无措。也许玛丽不知道，调整自己的情绪并对儿子的情绪做出反应对儿子来说有多重要；也许她明白这一点，只是找不到正确的反应方式。

　　也许她会一次又一次地被内心强大的力量控制，想吸引儿子的注意力，扮演一个"有趣妈妈"的角色，希望儿子能用微笑对她的行为加以肯定。有时候她可能又会扮演"聪明妈妈"的角色，想给儿子提出建议，解决儿子的问题，这时候她下意识地希望儿子能够把她看作"能干妈妈"。但结果是一样的：儿子没有得到适当的反应，也没有得到认识自我的机会。

孩子的积极情绪也可能让妈妈受不了。

女儿爬到我腿上想拥抱我时，我心里会觉得不安。我的感觉是她想要我没有的东西。我最喜欢也最擅长的是边做事边想心事。

卡丽娜（33 岁）

卡丽娜的女儿对爱和身体接触的渴望没有得到适当的反应，以帮助她强化自我意识；相反，她的情绪被忽略了。当妈妈没有做出她所期待的反应时，她会不由得认为妈妈无法对她那充满情感的行为做出适当的反应。

孩子内心的"传感器"在尖叫："你错了！"因为对她来说，发现妈妈不对劲、太可怕了，她会觉得自己做错了什么——很可能是因为她需要爱和关注。她长大后可能会养成过于内向的性格，当她有向别人示爱的冲动时，很容易感到羞耻和不自在。

孩子生气时，父母视而不见或做出消极反应也可能造成不好的影响。

儿子生气时，我会怀疑我规定的限制是否合理，我是不是太严苛了。我会费很大的劲去解释为什么不允许他做他想做的事，最后我们都觉得不开心。我想他没有明白我的意思。

卡洛琳（24岁）

卡洛琳在儿子生气时感到焦虑，心事重重。她是个好妈妈，但她自己没有安全感，没有人给她支持，让她按自己的想法行事。她儿子需要她的理解、安慰，告诉他有情绪很正常，她爱他。他需要妈妈用关爱的眼神看着他，让他明白："现在你生气了，但还是个很可爱的孩子。"

如果她只在他有某些强烈情绪时才对他做出关爱的反应，他可能会形成一种支离破碎、缺乏整体感的自我认知。他开心时会觉得自己值得被爱，而生气时他的自信会一落千丈，甚至失去自我意识。

儿童对任何事情的体验都比成年人强烈，对没有自我意识、完全依赖和大人的亲密关系的孩子来说，这种情况比发生在大人身上可怕百倍。想象一下你看着镜子，发现自己的脸在镜子里被扭曲成一个怪物是什么感觉，或者想想当你看到镜子里是一张完美漂亮的脸，但你根本无法把这张脸与自己联系起来是什么感觉。这种情况下，孩子不会把镜子扔掉，只会把自己扔掉，会产生一种自己不存在的感觉。

　　从某种意义上说，如果你从来没有看到过自己，就无法确定自己是否真实存在。对孩子来说，被人视而不见或错误对待，是一种非常痛苦的感觉，他们会立即抑制这种感觉。

　　我们都有过被他人拒绝、忽略或错误对待的童年经历。英国精神分析学家彼得·福纳吉在他2006年出版的一本书中说："即使是最好的父母，也会有一半时间对孩子做出错误的回应。"如果你有三分之一的时间得到他人认同，与他人合拍，那么就有充分的理由确定自己的身份。

认真的反应会给人内心力量

　　我小时候数学成绩很好，别人对我的数学学习能力评价很高，父母和老师都认为我是个很聪明的孩子。直到今天，即使有时人们对我有不同的评价，我还是觉得——而且确信——我很聪明。

　　有一天吃午饭时，我在奥尔胡斯电影城的办公室里发生了一件事，当时我身边围满了记者和其他对我特别了解的人。我很少看电视，对外界发生的事情也不太了解。当时他们在谈论一部电影，因为我知道其中一名记者当过电影导演，所以就问这部电影是不是他导演的。此话一出，周围突然一片死寂，针掉到地上都能听到，似乎所有人都觉得有点尴尬。

　　这位记者告诉我这部电影的导演是谁，显然，其他人都熟悉这部电影，只有我不熟悉。有那么一会儿，我低头看着桌上，觉得不好意思，但没觉得不安，而且这种感觉很快就消失了。尽管我问了个愚蠢的问题，但我知道自己并不笨。

　　这就是内心力量的作用。

　　内心力量来自我们生活中的一个或几个重要人物。如果你有充满爱心的父母，当你发现自己身处充满挑战的环境时，你或许能听到他们说："你可以解决这个问题。"或者你在上学时有过一位好老师，他对你抱有肯定的态度，那么你需要支持时就有可能想起他来。

　　从某种意义上说，让我们认清自我的那些人一直活跃在我们心中。他们可能随时出现在我们脑海中，支持或者批评我们。通常，我们的某些方面会有很好的内心力量支持。同时，我们也有一些其他方面——情感或需求——从未被看见或承认，所以，我们可能感觉这些方面有问题。

别人反应不当会导致我们失去内心力量的支撑

写到自己是个聪明人时，我突然开始紧张。我没有足够的内心力量让聚光灯打到自己身上，所以我几乎都不敢这样写，只好不断安慰自己，写了以后也可以删除。

小时候，家里人都认为小孩子不应该自吹自擂。也许我爸爸担心其他人不愿跟我们在一起，如果我觉得自己与众不同，爸爸很快就会让我老老实实。直到现在我好像都能看到自己得意的时候，爸爸那责备的眼神。

当你还是个孩子时，你可能有某种特殊的情感、需求或体验想表达出来，但别人往往视而不见或者给予不当的反应。

我小时候感到不高兴或绝望的时候，父亲会像看陌生人一样看着我。他可能会说："你没有理由为自己感到难过。"或者说："别大惊小怪了！"

格尔达（52 岁）

作为成年人，格尔达在处理亲密关系时有些问题，和别人亲密相处会让她感觉很累，她难过时宁愿一个人待着。如果被别人看到自己不开心的样子，她会非常不安，担心被看不起或被抛弃。

　　如果你在某一方面缺乏内心力量的支撑，你以后的生活中总会遇到这方面的问题。但关心你、愿意接受你的人，会走近你，告诉你：你身上的这一点其实很好，没有什么问题。

练 习

想想你小时候得到过什么样的回应，别人对你某些方面的反应是不是很好？

你不得不掩饰你身上的某些方面吗？这些方面是否需要关爱？

_____

_____

_____

_____

第三章

所谓尴尬，
就是未处理好的羞耻感

羞耻感是对自我意识中某些缺陷的反应，

这些缺陷越多，

我们和他人相处时就越难放松。

内　容　小　结

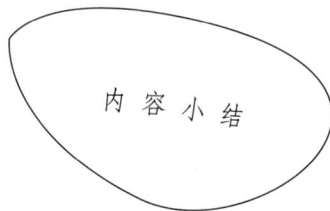

当某些情境需要你使用自我意识中某个自己不熟悉的方面，或者某个没有人关爱过的方面时，你会感到尴尬，对自己没有把握。这与别人曾对你做出过积极反应的方面不同，后者让你感觉自己有精神支撑。如果你的自我认知中存在多个缺陷，你可能需要费很大的劲去绕过它们，并和其他人在一起时试图表现得正常。

　　如果你所处的情境需要你表现出某种情绪，但别人从来没有对这种情绪做出过反应，这让你觉得很陌生，你就会有点尴尬、害羞或紧张。举个例子，如果你小时候生气时没有人支持你，现在突然有人站在你面前表示支持，你可能会不知所措；如果你小时候难过时没有得到安抚，现在若有人当众告诉你旅行取消了，你可能会想从大家面前消失，还会尽量掩饰自己的不开心；或者，你可能从来没有在犹豫不决时得到过支持，而现在你被分配了一项你不知道如何处理的任务。

　　在一些需要发挥自己的特长，但又缺乏内心力量支撑的场合，你会感到不安，甚至产生一种不真实感，怕被别人小瞧或者抛弃。

　　如果你置身于缺乏内心力量支撑的情境，或暴露出自我意识中的缺陷时，你的"传感器"就会报警。它会密切关注你是否有任何被拒绝或被抛弃的风险，因为它认为你处于危险之中，这样你的羞耻感就会爆发，甚至想找个地方躲起来。

　　当你面对性格中没有缺陷的部分时，你会因为有足够的底气而觉得安全。假如你小时候大部分情况下能得到积极的回应，你会坚信自己作为一个人的价值，你会与自己和谐相处，在社交场合轻松自如；相反，如果你没有把握时经常被人忽视，或被别人消极对待，你长大后可能会因为羞耻而产生不安感。

　　一个孩子无法忍受父母在他没有安全感时对他不友善；相反，

父母的错误行为可能会让他觉得自己某些方面有问题。

长大后，当他对自己的行为没有把握时就会感到羞耻。以羞耻的心态做出反应的感觉，就像是迈出脚步却踏空一样。

我们觉得羞耻时，内心深处会有一个声音大喊："你错了！"这时我们不明白这个声音其实指的是我们小时候经常犯的一个错误，反而会认为自己现在做错了什么。

羞耻感可能会不知不觉地出现，让你想遮住自己的脸。你会觉得自己无法控制面部表情，好像你的内心和面部表情之间的关联被切断，并且相关联的器官不存在一样。你的自我意识中有一处缺陷，仿佛是一片空白，因为从未有人通过那一部分认识过你，对你做出过反应。

害怕消失在虚无中

当有人通过你从未向人展示过、自己都觉得很陌生的那部分向你做出反应时，你会感到羞耻和恐惧。你可能会觉得自己缺少点什么，甚至担心被内心的空虚吞噬，消失在虚无中。

如果你不像自己想的那样躲起来，而是把自己的痛苦告诉别人，你往往会发现自己担心的事并没什么伤害。就像夜里你躺在床上时，被一种奇怪的声音吓坏了，你打开灯，发现原来是窗户上落了一只蝴蝶，一点都不可怕。

　　曾经有一段时间，我不想活了，觉得死是一种解脱。这种事情肯定无法告诉别人，如果我告诉别人，他们会惊呆，我在他们眼里也就一无是处了。

　　但我很想过得开心一点，所以尽管很害怕，有一天，我还是在一个以自我成长为宗旨的小组活动时把这种想法说了出来。这个小组的负责人看上去并没有像我想象的那样震惊。她说："看来你是一个偶尔将死亡视为解脱的人。"

　　我当时大吃一惊，我真的可以这样想吗？当然可以。我突然发现别人并没有因为我这样说而觉得我一无是处，我也只是一个偶尔会把死亡当作解脱的人。

　　当我从那位负责人的表情中认识了自己以后，觉得情况也不是那么糟糕。我承认我偶尔还会这样想，但情况比原来好多了。

　　　　　　　　　　　　　　　　　　　苏珊娜（42 岁）

　　有了这次经历，苏珊娜内心的一个缺陷得到了弥补。同时，她发现有关死亡的想法，实际是内心深处对改变生活的向往，而她已经向那个方向迈出了第一步。

面对羞耻感，只需要让羞耻感暴露在亮光下。我们需要一双善解人意的眼睛发出的亮光，这样，即使面对的是自我意识中的缺陷，我们也不会被其吞噬。

自我意识中的严重缺陷

我们的自我意识都有或多或少的缺陷。这些缺陷越多，我们和他人相处时就越难放松、自在。

下图中的不规则区域代表苏菲自我意识中的缺陷。当她的注意力集中在这些缺陷之外的区域时，她就会觉得安全，有内心力量支撑。比如当她独自做自己喜欢的事情时，或者和最好的朋友一起讨论她喜欢做的事情时。

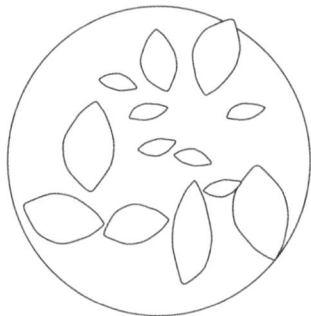

苏菲的父母和她并不是十分合拍，没有给她关爱，也没有对她的行为做出正确的反应，这是她自我意识有缺陷的原因。

周五下午我和别人一起去了酒吧，后来我觉得很不安，我在脑子里回想着自己说过的话，发现有些话肯定让人非常尴尬，我当时换一种说法就好了。

当我一门心思想别人会对我有什么样的想法时，我感觉羞耻感正在让我退缩。我的想象力太丰富了，但很少想积极向上的画面。

苏菲（22 岁）

太多的不安感是个沉重的负担，会降低你行动的积极性和生活质量。

另一个总是感觉心里不踏实的人是艾琳。她解释说：

我必须在所有方面都非常出色，否则我会讨厌自己。

艾琳（32 岁）

艾琳很可能只有在某件事上做得非常好的时候，才会得到别人积极的反应，而当她展示其他方面时，身边没有人来支持她。

缺乏精神支撑

艾琳有时候觉得自己像在走钢丝，她得尽量绕开自己的缺陷，却没有坚实的精神支撑，所以和其他人在一起时总是很累。她可能没有意识到自己很容易累的原因，这是很正常的，因为她的自我意识有缺陷，所以她和别人在一起时放不开。

如果你也像艾琳那样，自我意识有缺陷，很容易感到羞耻或尴尬，那么你就该采取措施弥补那些缺陷了。每弥补一个缺陷，你就会有更多的自由，和其他人在一起时也就能更开心自在。本书第二部分主要讲怎样弥补自我意识中的缺陷。

练　习

想出一个让你感到羞耻或尴尬的场合。

以自己为模型，画出不规则区域表示自己自我意识中的缺陷，然后说出你认为自己在哪些方面缺乏内心力量支撑。例如，当你犯错的时候，或者当你对什么事情入迷的时候。

_____

_____

_____

_____

第四章

为什么我们总是在逃避

表达自己的观点需要勇气,

总是考虑别人的评判,

会让我们不敢去做内心真正想做的事情。

内 容 小 结

总是考虑别人的评判，会让我们不敢去做内心真正想做的事
情，而专注于我们自认为在别人看来正确的事。

鼓起勇气站出来的那一刻，我们面对的是羞耻或对羞耻的恐
惧，这让我们退缩，宁愿独处。

面对需要发挥我们没有内心力量支撑的一面、我们不熟悉的
一面的情境时，我们很可能会感到尴尬或紧张。

羞耻感让我们不敢畅所欲言，让我们像一条突然结冰的河，
迟滞呆板。

对羞耻感的恐惧可能会让你做一些自认为别人期待你做的事，而不是自己想做的事。你曾经很可能不敢做对自己有好处的事，因为怕被别人议论。

我丈夫善于交际，一到周末就想去镇上或让别人来我家做客。而我不喜欢周末安排社交活动，但对我来说拒绝这些社交活动很难。每次这样想的时候，我好像都能听到那些很外向的朋友在说："你怎么了，不舒服？"我不喜欢让人觉得我和别人不一样。

索尼娅（38岁）

有时你可能害怕看到或听到那些让你感到羞耻的表情或言语，并因此而感到压抑。这种羞耻感持续的时间越长，你在有人对你皱着眉头表示反对时做出的反应就越激烈。我们往往因为怕别人说什么而错过自我成长的机会。这让我们无法去做自己真正想做的事情。

我对自己的工作信心满满。我知道我在做什么，任何技术问题都是我负责。但在餐厅吃午饭时，我通常默默无语。并不是我对大家谈论的问题无话可说，有几次我都要开口了，但每次都是欲言又止。我担心自己的观点会让人尴尬，而且除了我别人都明白这一点。

卡斯珀（44 岁）

表达自己的观点需要勇气。如果别人不支持你的观点，你也要学会坚持己见。在别人反对时坚持自己的观点，是你需要在别人支持你的经历中学会的能力。如果父母没能注意到你、支持你，导致你缺乏内心力量的支撑，你就需要培养这种内心力量。

艰难的交谈

交谈基本上很简单。一个人抛出话题，另一个人听后做出反应："你说到那件事，我觉得……"或者："如果你觉得那样，我想……"然后第一个人想想第二个人的反应，再做出回应。这没什么难的。它可以是一个有趣、流畅、简单的交流。

深入、亲密的交谈需要双方能够而且敢于坦诚相待。如果这样的交谈很难进行下去，可能是因为羞耻感在作怪。

你或你的交谈对象可能不敢与别人走得太近，你们两人当中有一个或两个都觉得自己的自我意识有缺陷，如果话题涉及自我意识中让你们羞耻的方面，对话可能会突然冷场，令人尴尬，两个人都会觉得出了问题。

　　也许你对自己某一方面的能力不足而羞耻，总是想让谈话绕过这个话题；也许你会后悔结识了对方。

　　对我来说，身边关系最好的同事对我的看法很重要。当我觉得她一直无视我时，我就会如坐针毡。这让我很尴尬。这时候我就会躲到洗手间，控制自己的情绪，再笑着回去。

玛丽（32 岁）

　　下图代表在某些方面各有羞耻感的两个人，他们或多或少都明白自己为什么羞耻，如果可以避开这些区域，谈话就会轻松自如。

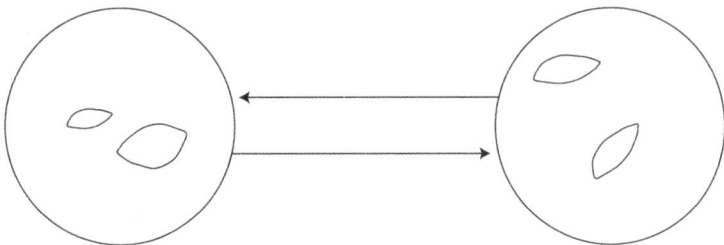

　　如果你有严重的习惯性羞耻感，问题就比较严重。羞耻感会影响你自如地表达自己的想法和情绪。

　　艾丽娜的自我意识有严重缺陷。她在家里得不到家人支持，因此，很多时候她会突然在别人面前感到尴尬或不自在。

　　艾丽娜知道自己羞耻的原因，比如她会因为头发有时候看起来油腻或做错事而脸红。她的自我意识中还有她自己不了解的缺陷，她偶尔会觉得自己本质上有问题，怀疑自己值不值得被人爱。因此，除了回避那些让她脸红或不会回答的问题外，她还为自己身上不了解的东西感到害怕，她害怕那种"陷入虚无"或"崩溃"的感觉，她怕去那些不知道该说什么的场合。

　　艾丽娜跟别人谈话时会有点紧张，会退缩，从不主动讲话，因为她担心被别人误解或反对，也担心没有精神支撑，担心无法控制自己的面部表情。

　　当她确实能够有效地控制自己，不去有意识地想自己有什么不对劲的时候，她也很健谈，但她的话缺乏情感深度，让别人觉得很乏味。

　　艾丽娜又是个敏感的人，不擅长控制自己的情绪。她的习惯性羞耻感比较严重，她看起来总是很紧张，很拘束。她也很少说话，因为不知道该说什么。

　　本尼迪克是她的同事，下页中的图是她们的对话图。

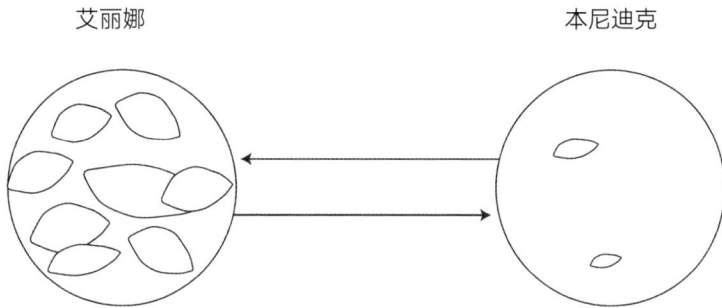

艾丽娜　　　　　　　　　　　　　　本尼迪克

　　本尼迪克认为艾丽娜应该放松一点，放开一点。但艾丽娜非常害怕自己的言行超出内心能承受的界限，因为跨越这个界限会引起羞耻反应。

　　艾丽娜过着一种孤独的生活。她独处的时候很放松，但她又想和别人在一起。然而，当她和别人在一起时会感到紧张，又想一个人待着，这样她更容易感知自己，放松自己。她需要促进她的性格养成，这是个值得努力的目标。在摆脱羞耻感的过程中，她会发现自己的内心越来越自由，能够放松自己，能与他人正常交往。

练 习

想想是什么因素让你无法畅所欲言。

你最不希望别人了解你的什么情况？

你是否有时候会在谈话中怯场？

是否有这样的情况：你仅仅因为怕别人不喜欢而不去做你想做的事情？

_____

_____

_____

_____

第五章

敢于羞耻的勇气

努力做得比别人好，通常就是在努力摆脱那种自己有问题的感觉。

只有敢于成为会受伤的普通人，

敢于接受别人充满关爱的眼神，才能克服羞耻感。

内 容 小 结

为了减轻羞耻感，我们必须敢于表露感情，要鼓起勇气承认内心有需求、不安、愤怒等各种情感。

问题是感到羞耻时，我们最害怕的恰恰就是表露感情。所以在克服羞耻感、争取做更真实自我的过程中，我们往往会轻易放弃努力。

努力做得比别人好，通常就是在努力摆脱那种自己有问题的感觉。只有敢于成为会受伤的普通人，敢于接受别人充满关爱的眼神，才能克服羞耻感。

英国儿科医生和心理分析学家唐纳德·温尼科特把自我分为"真我"和"假我"。如果父母从孩子的情感和表情的各个方面了解孩子，并做出适当的反应，孩子就会表现出"真我"。孩子会慢慢了解"真我"，利用父母对他的反应形成稳定的自我意识。如果父母设法在充满爱心的氛围中对他的行为做出反应，他就会认为自己是一个可爱的、讨人喜欢的人。

如果父母无法适应他，他会因为缺乏必要的帮助而无法发现自我，无法体验形成"真我"所需的反应或和谐关系。最糟糕的是，他根本不知道自己是什么样的人。

如果父母无法满足孩子的需求，他不会反抗父母，只会放弃这种需求。如果他自己或别人发现他内心深处是多么需要关注，需要爱，他就会感到羞耻。

如果一个孩子的"真我"无法得到爱的回应，他就会发展成一个不需要父母给予帮助的"假我"。他会设法在情感上自我满足，甚至可能会在某些方面表现出他认为父母所期望的那样。

我曾经想成为一个和现在的自己不同的人。18岁的时候，我以成为一个不需要别人的人而感到自豪。我有点瞧不起那些依赖他人，而且为了这种依赖不得不做出让人感到耻辱的让步的人。为了成为一个没有需求的"超人"，我把自己的羞耻感遮盖得严严实实，避免了被拒绝的风险。向他人求助但被拒绝，会引起我无法控制的、毫无内心力量支撑的情感狂澜。

我们家的人都认为，无论对什么事情不满，我都必须装得满不在乎，这时候就是"假我"在保护我。曾经有一段时间，我非常成功，这让我相信自己与众不同，我很坚强，能够做好自己的事，不需要与任何人建立紧密的情感联系。

你可能对自己成为一个什么样的人，或者在得到别人的爱之前应该做个什么样的人，有一个非常完美的设想。有时候这种设想太逼真了，你会认为自己实际上就是这样。

我们并不完全了解自己，也没有人完全了解我们，这就意味着我们都有一些"假我"代替"真我"的方面。我们与父母的情感越和谐，别人了解我们越多，我们的"真我"就越强大，越能更好地和别人形成亲密关系。

有些人不需要展现很多"真我"就能与别人友好相处，你可能也认识这样的人。他可能很活泼，很健谈，看上去很开心。但他的快乐是不会传染的，别人很难与他进行眼神交流，也很难与他建立情感联系。

成功会强化"假我"

如果你很少得到父母的关注，那么你的"真我"可能会与被遗弃的感觉和羞耻感联系起来。这种境况下，"假我"让你觉得自己很强大，不可战胜，自主独立。成功会助长"假我"，暂时缓解你的羞耻感和被遗弃的感觉。

我在社交媒体上发布自己和家人在一起很愉快的照片时，感觉很好。当很多人为我的照片点赞、对我做出肯定的评价时，我完全忘记了我有时候会觉得自己是个多么不讨人喜欢的人。

卡米拉（32 岁）

我喜欢向别人讲述自己的成功故事。这时候，我会觉得自己很强大，很有吸引力，而且我敢肯定，别人不会发现很多时候我觉得自己是多么失败。

詹斯（28 岁）

可能有些时候，或许只有片刻时间，你会觉得自己已经超脱了其他人面临的各种问题，也忘记了生活中曾经遇到的那些很尴尬的事情。

你可能很想取得成功、掩盖羞耻感，从而减轻觉得自己有什么问题的那种感觉。

想在所有方面表现出色，最好超过那些我用来和自己做比较的人，这几乎成了我的一个基本需求。

如果别人做得比我好，我会感到难过，我会比别人花更多的力气，甚至有时候都不愿停下来，希望这样可以赶上甚至超过其他人。

西涅（35岁）

总是想比其他人做得好，可能会给自己带来压力。有些人可能为了做到这一点而拼命，不惜以牺牲健康为代价。这样做最终助长了"假我"，使之不断增强，但"假我"根本不会满足，因为"假我"无法与他人建立真正的亲密关系。

他们只能一直这样奋斗下去。

你一生中可能设定过什么目标，或者简单地希望将来会发生什么，然后想，等目标实现了或这件事情发生了，我就会开始真正的生活。但等目标实现了或你期待的事情发生了，你还是会感到空虚，这种虚无的感觉会让你为将来设定一个新的转折点或不同的目标。

　　我觉得我必须一直拼搏。这是个生死攸关的问题。我必须实现目标，但不可能很快。如果我停滞不前，甚至后退几步，我就会害怕对自己应对生活挑战的能力失去信心，害怕这样会影响我的情绪。

亨里克（38 岁）

　　亨里克的压力可能来自那种无法摆脱的因为担心自己会被别人抛弃而感到的痛苦，以及认为自己稍有犹豫就会真的被人抛弃的恐惧。他不明白的是，在找回自我、愿意向别人展示自己脆弱和坦诚的一面、和别人建立亲密关系之前，他必须忍受那种被抛弃的感觉。

虚幻而不可战胜的"假我"

　　我二十多岁的时候，有一天晚上做了一个梦，梦到一座美丽的城堡。至今还记得，我站在城堡里面抬头看，看到了一个又一个穹顶，上面有精美的金饰。看着变幻的灯光打在金饰上，我又兴奋又开心。

　　当我突然低下头时，欢乐一下子全消失了。我发现自己赤脚站在沙滩上，城堡是用几根柱子支起来的，离地面有几寸高，没有地基。风吹过沙滩，吹过我的脚。

我知道当人们梦到房屋时，往往梦到的是自己，所以这个梦让我担心。从小，我就想弄清人们喜欢我什么，然后只向他们展示他们喜欢的那一面。和陌生人在一起时，我想和他们交朋友，我会赞成他们的意见，并以各种方式赞扬、取悦他们。我不明白为什么结交新朋友那么难。

现在回想起来，我发现其实就像梦中的城堡一样，我也没有基础支撑。我不知道自己是什么人，想要什么，我无法展示和表达自己的想法，只能总想着如何取悦别人。与他人互动时不投入自己的感情，意味着我无法与他们建立情感联系。

当"假我"取代代表着你的需求的"真我"并主导你的行动时，你可能会觉得自己很强大，但很难在情感上与别人合拍。

因为渴望爱而产生的羞耻感

所有人天生就有与他人建立联系的能力，因此我们会主动与他人联系。就像小鸟知道如何筑巢一样，新生儿也知道如何通过爱与他人建立联系。如果婴儿身边没有人能够和他建立一种充满爱的关系，一种让婴儿感到被看见和接触的关系，那么对爱的渴望就会让婴儿感到羞耻。

如果你对爱的渴望没有内心力量支撑，你会特别害怕看到别人充满关爱的眼神。如果有人用温暖而富有同情心的眼神看你，你会立即低下头或移开视线。

充满关爱的眼神会向你的"真我"发出强烈的邀请信号，会触动你内心的"真我"。当"真我"受到触动时，会唤醒那种担心被抛弃的痛苦，这种痛苦会让你抑制"真我"。你可能只注意到，你在那些用充满爱心的目光看你的人身边觉得不安全、不自在，所以总是与他们保持距离。

我喜欢帮助别人，有人因为我为他所做的事情感到高兴时，我也会很开心。我自己没有什么需求——至少我以前是这么想的——但突然有一天我变聪明了。

我有了一个新老板。他偶尔会用关爱的眼神看我。我觉得很不习惯，好像内心深处有一种自己无法控制的东西。我会躲避他的目光，并尽量和他保持距离。

但即使我回到家独处时，他那充满关爱的神情也会突然出现在我的脑海中，唤醒了我内心深处一种危险的感觉。当我觉得自己内心有时候想去接近他时，我会因为羞耻而感到不知所措。

　　我害怕即将进行的员工绩效评估，感觉快到世界末日了。我坐到老板面前的椅子上，马上谈起我对机构里另一个人的看法。"等一下，"他说，他坐在那里看了我几秒钟，这时候我心里像开了锅一样，然后他问了我那个可能是最糟糕的问题，"你还好吗？"

　　然后，我最害怕的事情发生了：当我向他保证我没事时，我的脸开始抖动，眼里充满了泪水，我羞耻得要死。"你感觉很糟糕，这没关系。"他说，"哭出来吧，我们都偶尔需要哭出来。"

　　后面的谈话我大部分都想不起来了，但我慢慢平静下来。直视老板的眼睛时，我觉得并没有那么危险。他看到了我最坏的情况，但我们都没有受伤。后来我想，为什么我原来会觉得这件事那么让人羞耻，那么危险。他说我感觉很糟糕也没事，每个人都有需要哭出来的时候，他的话听起来再正确不过了。而在这之前，这种想法对我来说是绝对不可接受的。

　　　　　　　　　　　　　　　　　　　　　　丽格（39岁）

　　丽格原先一直认为自己是个不大会动感情的人，一个不需要别人帮忙的人。但是老板关心的表情唤起了她的"真我"，这使她觉得很尴尬，不安全。内心的冲突让她失去了情感平衡。这种冲突的一面是"真我"，渴望受到老板同情的关注，沐浴在他关切的目光中，她渴望做真实的自我，感觉到真实的自我。

　　但另一方面，"假我"又在保护她，让她避免因被抛弃的感觉而受伤，她过去必须抑制这种感觉才能活下去。她掩饰着自己的情感，想成为一个能够在那个不太适合表达爱心的家庭氛围中生存下去的人。

　　丽格的内心深处感到了老板富有同情心的表情对她的吸引，但她因为焦虑而不知所措，于是试图躲开。幸运的是，当时的情境使她不得不直视老板的眼睛。老板对她很和蔼，接受了她感到羞耻的一面，这样她可以正确对待自己感到羞耻的地方，成为一个人格更加完整的人。

"假我"无法忍受亲密关系

　　别人与我们走得太近，会唤起我们内心"假我"不愿承认的真实需求。

　　年轻的时候，我只喜欢那些对我不是特别感兴趣的内向型男人。我当时觉得我和这样的男人肯定是天造地设的一对，真希望我能让他们也相信这一点。但这从未发生过。

　　我非常讨厌很热情的男人。这种男人的感情里有一种非常令人压抑的东西，我会很快发现他们身上几乎令人作呕的东西，可能是他们说的话让我无言以对，可能是他们的外貌激不起我的任何兴趣。

艾琳（42 岁）

　　艾琳小时候和妈妈的关系比较疏远，她的妈妈有严重的情绪问题，没有能力和精力照顾到女儿的需要。

　　艾琳养成了不需要和别人进行情感交流，但有决心努力工作、为成功而拼搏的"假我"意识。

　　当一个热情且充满爱心的男人想和她一起生活、和她建立一种亲密关系时，吸引他的是她最真诚的一面：她有各种需求的"真我"。

　　经过这么多年灾难般的约会和短暂的情侣关系之后，当我遇到一个善良、有爱心的人时，我尽量让自己不要逃避。但通常我们在一起之前和之后我都会觉得很不舒服。我努力摆脱这种想法和他发生亲密关系后，有时会在半夜醒来，淹没在一种被抛弃的感觉中。

艾琳（42 岁）

起初，艾琳觉得这段感情有问题。她问自己，她为什么要和一个让她觉得不舒服的男人在一起呢？事实是这个热情、充满爱心的男人触及了她的"真我"，而她的"真我"与被抛弃的感觉联系在一起。

我以前的老师，丹麦格式塔研究所的负责人尼尔斯·霍夫迈尔说过："有人带着深切、真诚、充满爱心的感情接近我们时，可能会揭开我们内心深处最大的伤疤。"像艾琳这样的人可能很想离开这个男人，但这是一个令人悲痛的解决方案，因为前进的道路是能够承认"真我"，必须承受"真我"和"真我"带来的各种体验，包括被抛弃的感觉。这是唯一可以让人格变得完整的办法。

愤怒和厌恶是对亲密关系的一种防御

当亲密关系让人感受到威胁时，愤怒或厌恶是一种与他人保持距离，也和自己渴望的爱情保持距离的办法。就像一个受伤的孩子一边生气地跑开，一边哭着说："我要走了，你再也见不到我了！"但这个孩子内心深处是希望被人拦住、被人了解的。

　　凯尔德的父母没有理解他发出的信号，也根本不了解他是个什么样的人。他们可以说是让他走自己的路，离群索居，没有人想找到他，走进他的内心。这样过了一段时间后，他自己都和内心的自我失去了联系。

　　有时我妻子以充满爱意的目光看着我，想让我靠近她。我不知道她这样做为什么会让我觉得不舒服。起初我以为她可能是别有用心，或者说她不诚实，可能这就是我做出那种反应的原因。但现在我已经很了解她了，知道她很诚实，想让我过上最好的生活。

　　但是当她用那种神情看我时还是让我不安。这让我觉得自己很脆弱，我有时候会提起她犯的错，故意夸大其词。比如，如果她在商店里忘了买什么东西，我就会说她总是忘记我，只想着她自己。事后，我不理解自己为什么会那么刻薄。感觉就像那种刻薄自己跑来控制了我。

凯尔德（55 岁）

　　羞耻感可能是某些无法理解的行为的基础。凯尔德不知道他为什么对妻子那么刻薄：多年来他一直备受一种痛苦的被抛弃感所困扰，他不敢冒险，怕妻子会唤醒他对爱的渴望。如果让她看到他内心多么渴望爱，他会感到非常羞耻。

当她离他太近时，他的愤怒和厌恶会保护他，免得他受伤。这种反应让他和妻子还有他内心深处的情感都保持了距离，他也感觉到痛苦，但更多的是内心的平静。

他不知道为了这种内心的平静他付出了太大的代价，他不知道自己想和妻子保持距离的原因是他对爱的渴望。由于无法摆脱羞耻感，他也无法接受真正的亲密关系——这种亲密关系只有在双方都敢于联系对方时才能建立起来。

走出童话

安徒生创作的童话故事《丑小鸭》讲述了一只阴差阳错掉落在养鸭场的小天鹅的故事。它因为看上去和别的鸭子不一样而备受欺凌，但在经历了许多苦难之后，它长成了美丽的白天鹅，加入了欢迎它的天鹅行列。

如果你对生活不满，可能会觉得自己就像故事里的丑小鸭。你对周围的人都有点鄙夷，好像他们不配与你为伍，你可能在心底只是把朋友当作临时伙伴。同时，你也努力让自己变得更漂亮、完美，这样其他天鹅就会注意到你，并最终把你从目前经常不得不妥协，偶尔还得忍受别人忽视或冷漠的、令你羞辱的生活中解救出去。你可能或多或少还会做白日梦，想象能够永远过上没有任何烦恼的幸福生活。

但是，生活在这样的梦乡里的代价太大了。也许安徒生自己就付出了这样的代价。众所周知，安徒生从未与任何人建立起亲密的关系。这种亲密关系要求你像其他人一样敢于表现出脆弱和需要爱，还要求你敢于拥抱自己的情感，包括你以前设法躲避的那种被抛弃的感觉。

如果你做得不够好，遇到重重困难，就很容易陷入一个虚幻的世界，幻想某天一切都会变得很好。这种幻想可能是一个小小的安慰，小声对你说："坚持，坚持下去，很快一切都会好起来。"

谈到情绪时，"坚持"往往意味着"保持距离"：抛开自己的情绪，和它们保持距离。很多时候，我们很有必要学会让自己远离内心的动荡。比如你想专心工作的时候，正在办离婚手续的时候，或者需要集中精力才能做好事情的时候。

但如果永远"保持距离"，让你生活在对未来生活没有任何困难的幻想中，这就成了一个问题。这种未来没有困难的生活对你来说可能是找到一个更好的住所、考试合格或找到合适的工作。但一帆风顺的生活是不存在的。如果你有勇气召回自己原先已经抛弃的情绪，你的人格会更完善，更有能力应对逆境。

好像我必须蹚过痛苦的河流去对岸，才能见到那个爱我的
男人。

　　　　　　　　　　　　　　　　　　　　　　　　艾琳（42 岁）

　　只有当我们敢于做一个需要他人、有时也会失败的普通人时，
我们才能和其他人建立深厚而温馨的人际关系。想成为超人的人
注定会孤独。

脚踏实地，找回自我

　　退出这个梦幻般的世界好像是走一条下山的路。当你不再追
求完美和梦幻般的生活，你会觉得很失落。承认自己把问题归咎
于最亲近的人，只看到他们的过错，而且梦想着逃离现实，这种
感觉很不好。感到空虚的原因是你还没有勇气从情感上面对现实。

　　不再自认为高人一等，认识到自己的平凡，这种感觉一开始
会让人失落——这是我的切身体验。从没有失败或困难的美好幻
想，回到并不很美好但也有快乐的现实生活，确实有一定的距离，
但只有回归现实，我们才能幸福。

如果你不得不从山上下来，承认一些真相，请不要忘记爱自己。你可能只是受困于曾经为应对某种难以应付的场合而创造性地采取一种不幸的模式，或者说一种帮助你保持心理平衡的策略。也许你早就希望自己可以摆脱这种模式。但是，如果你不再为自己的过去感到后悔，你就会意识到，无论多大年纪，你都有很多机会去爱别人。

练 习

想想你是否曾经逃避过充满爱意的眼神。

你是否能感觉到爱并能表达对爱的需求，还是偶尔会因为无法自主控制感情而感到尴尬？

_____

_____

_____

_____

第二部分

打破循环

◆ ◢ ◣ ◆

内心的羞耻感一旦被唤醒，你就会与别人保持距离，往往只想躲起来，特别是会躲避你所需要的东西——充满关爱的眼神。问题不在于我们找不到爱，而在于我们不让别人了解我们，不让别人看到我们的羞耻和脆弱。很多人一辈子都不敢展现"真我"，甚至自己都不了解自己的"真我"。

羞耻感会让你躲起来，不愿让别人用充满关爱的眼神看着你。你宁愿忍受孤独，而孤独会加重你所承受的羞耻感。你可能还会为自己感到羞耻而羞耻，这是一个死结，无法解开。

做第二部分中的练习可以让你慢慢摆脱这种情况。有些练习有助于增强自尊心和勇气，有些练习可以帮助你打破那些让你一直感到羞耻的模式。一开始，这些练习或许能让斑驳的亮光照进你的生活，这是有好处的，这样你就更容易看到目前的处境和努力的方向。

第六章

成为自己的勇气

你对自己的认识越深入，

你面对别人的不同意见时就会越坚强。

你越了解自己，

就越能应对羞耻感。

内 容 小 结

你越了解自己，就越有能力应对那些可能会唤醒羞耻感的场景。如果你内心深处相信自己现在这种状态没有什么问题，那么你就能够在可能让你感到羞耻的场景（比如你半裸的时候刚好有人走进来，或者家里很乱，或者你比赛得了倒数第一）迅速掌控好自己。

你可以通过问别人对你的看法，给自己拍视频，或以温柔和蔼的态度对待自己的内心等方式深入了解自己。

　　我们的自我意识都有大大小小的缺陷，没有人会收到别人对他们所有方面的真切反应。通过更好地了解自己，你会慢慢弥补自我意识中本以为不存在的缺陷。现在开始关注自己，并找到童年时代欠缺的反应为时不晚。你对别人对你的看法了解得越少，就越容易产生令你烦恼的幻想。了解得越多，你对自己的生活就越有掌控力，在社交场合就越有自信。

　　如果担心自己会尴尬或看起来有问题，你就会被别人对你的看法困扰，会想方设法了解他们的想法。你完全可以直接问他们，这样就不用费力猜度。

　　这样问或许更简单一点："有人要求我做一个练习，你能帮帮我吗？你觉得我是个什么样的人，能说说对我的印象吗？"

　　你可能会发现你问到的人只会说好听的。他们可能会认为你想听他们夸你，他们确实也这么做了。告诉他们你想听实话，有必要的话，你也可以问："你觉得什么事情对我来说很难？"如果他们一下子说不出来，可以请他们有空时想一想再答复你。

　　你也可以谨慎一些，只问那些你觉得对你印象比较好的人。如果你确实想听实话，就需要鼓足勇气问问那些你认为不太喜欢你的人，可能他们会让你更清楚、更全面地了解自己。与你的朋友不同，他们不怕说实话。

　　一次，我在上课时给每个人布置了一项作业，问三个人："你对我的印象怎么样，觉得我是个什么样的人？"然后再在小组讨论时分享他们听到的答案。我对一个女生的印象特别深刻，她当时脸红了，眼里闪着泪花，说出一些她自己原先都不知道的优点。当时她非常开心的样子让在场的人都深受鼓舞。对大多数人来说，这是一次很了不起的经历，让他们更全面地了解别人对他们的看法。

如何听取反馈信息

你问到的人回答你时，不要只听他们说的话。我们都通过身上的"过滤器"观察世界。即使朝着同一方向看，两个人也不会看到完全相同的事物。所以，别人对你说的话更多的是反映他们自己的情况和他们理解别人的方式，而不是对你的看法。但是，你还是能够从他们的反馈中了解一些情况。有些话可能会让你吃惊，有些话会印证一些你已经了解的情况。你问的人越多，就能了解到越多、越具体的信息。

如果他们反馈的某些信息让你感到羞耻，说明你差不多了解了自我意识中的一些缺陷。

曾经有一段时间，只要有人说我"矮"，我就会感到焦虑，我的脑海中就会有一个声音开始说："你太矮了，在一起不好玩。"或者会响起我妈妈经常说的一句话："你起码要学会穿高跟鞋走路。"

我只能努力接受和喜欢身材矮小的自己。当我终于鼓足勇气和别人谈到这一点后，马上就感觉好多了。我借用别人充满关爱的眼神来审视自己的缺陷。这样，我慢慢学会了欣赏身材矮小的好处，意识到身材矮小与别人喜不喜欢我没有什么关系。

也许你还会从别人的反馈中了解到一些让你难过的东西，它可能会触动你内心深处缺乏认可和支持的地方。发现这种缺失的存在，你才有更多的机会去改变它。现在你知道这是一个你需要关注的方面。

你也许可以和提供这一反馈信息的人讨论一下这个方面，他们甚至还能用充满关爱的眼神来看待它。或者你可以和信任的人谈谈这个问题，不要自己憋着。如果说有什么办法能让你的羞耻感越来越强，这可能是其中之一：藏起来，别跟任何人谈起。

给自己拍视频

现在有很多机会通过视频由外而内地了解自己。找一个三脚架，支起手机，再退后一点，给自己拍视频。看看自己在社交场合活动时是什么样子，可以帮助你了解自己。如果你觉得在家庭生日聚会上给自己拍视频太尴尬，也可以在打电话时拍，这样你会有一个很好的机会通过视频了解自己。

如果你能找到愿意和你一起拍的朋友，也可以和他们一起拍。拍的视频时间要足够长，长到你都忘了在拍视频，像你们平常在一起的时候一样。拍完后你们可以边看边讨论一下，用合适的语言来描述视频的内容。

- 你们看起来怎么样？
- 你们是自在地交流，还是仍旧有所保留？
- 你们是开心、生气、伤心，还是害怕？
- 你们是否有适当的眼神交流，还是其中一人想交流，而另一人在回避？
- 你们是用什么样的肢体语言交流？
- 你们在谈些什么？是谁在主导交流的话题？
- 你们对在一起做的事情是否感到满意？

以上只是我建议你关注的几个方面。可能你不想和对方过于亲密，不愿暴露自己的隐私。也许你们俩只是喜欢默默地一起看自己拍的视频。

我曾经给一个年轻人提供治疗，他担心别人认为他有什么问题。他当时刚开始做一份项目负责人的工作，但在对自己部门的人讲话时会感到紧张。当我问他在讲话过程中表情如何时，他说他以为每个人都能看到他脸红了，手抖了，好像整个人几乎都疯了一样。我们商量好，他下次讲话时录制视频，然后带来我们一起看看。

我们观看视频时，他感到吃惊，同时也很开心。视频中并没看到他脸红或手抖，不过，他确实感觉视频中的那个人看上去有点紧张。最让我震惊的是，视频中的他喜欢笑，而且看上去很友好，也很热情。

后来他告诉我，看到视频中自己的样子，让他改变了很多。现在他讲话时，脑子里想到的是一个年轻人微笑的形象，而不是一个看起来像发了疯似的脸红、手抖的人。

在观看给自己拍的视频之前，请先放下对自己挑剔的态度。用充满关爱的眼神看看自己，就像看自己的孩子或很要好的朋友一样。你也可以和朋友一起看，这样朋友可以帮你找到合适的语言描述所看到的内容。

从内心深处体验自我

你可以锻炼体验和感知自我的能力，温柔地关注自己的内心世界。你的身体感觉如何？你内心有什么感觉？你现在最想得到什么？如果你愿意，可以对着镜子问自己这些问题。

在回答"最想得到什么"时，你首先想到的可能是浮于表面的东西。你可以再问自己一个问题，找出更深层次的东西："这个东西有什么特别之处呢？"比如说你首先想到的是蛋糕。吃蛋糕有什么好处呢？可能是蛋糕会给你带来内心的平静和愉悦。还有没有别的办法可以让你体验到内心的平静和愉悦？

如果你最想要的东西是完全可以得到的，而且没有什么不好，那就尊重自己的选择去追求。如果你感到孤独，想挽回前男友或前女友，那就去找他/她；或者，在约会网站上录入自己的信息，去寻找自己的伴侣。

如果你最迫切的愿望无法实现，比如想念一个已经过世的人，或者希望自己年轻 10 岁，那就让自己为无法实现的梦想伤感一会儿。有时候我们必须深入了解自己的悲伤，才能摆脱悲伤，找回幸福感。

触摸自己内心深处

通过触摸自己内心深处，充分了解自己的各种角色和对自己的看法，可以让你对羞耻感更有抵抗力。这里所说的内心深处，指的是自己内心觉得自己不是别的什么，无所谓聪明或愚蠢，无所谓美丑，只是一个会呼吸的、活着的人。

平静地面对自己。关注你脑海中浮现的各种思绪背后的那个人，你所有的行动、头衔和其他表象后面的那个人，那个通过自己的眼睛审视以前各个年龄段的你的那个人，那个平静的、永远不变的人。

想想大海，即使有风暴，海面波涛汹涌，但深处却是一片宁静。海面的波涛就是你的思绪，如果对这些思绪过分重视，你对自己的定位就不会稳定，因为这些都是转瞬即逝的。

当我的生活波涛汹涌，我因为什么事情而情绪起伏、或喜或忧时，我都可以想象自己从更深的平静处望着这些表面的起伏，这样就能找到内心的平静，就像海洋深处不受天气影响那样。或者，我想象自己三年后回想起现在遇到的问题来会是什么感觉，从而和这个问题拉开距离。

你与你身上能够从更广的角度看待事物的那一部分联系越多，你就越能乘风破浪，经受住人生的坎坷。你对自己的认识越深入，你面对别人此刻对你的看法时就会越坚强。

这种更深层次上的自我在不同理论体系中有不同的名称，如"监督性自我""观察性自我""最深层本质"等。

接受心理治疗或学习自我成长课程

有些人选择接受心理治疗的唯一目的是了解更多有关自己的信息。心理治疗师的中立态度和保密原则，让你有勇气披露自己不敢告诉其他人的事情。

我18岁的时候，不知道真正的自己是什么样子。

我父母自己也有太多的问题，以致无法关注我内心的感受，也不关心我究竟是个什么样的人。所以没有人了解真实的我——我自己也不了解。

我费尽心思不让别人知道有关我的那些不好的情况，甚至都快得抑郁症了。如果我没有发现自己的问题已经对孩子产生了影响，我可能不会在心理治疗方面花那么多钱。

第一次接受心理治疗的前一天晚上，我无法入睡。我担心心理治疗师会说："我不想在你那些小问题上浪费时间。"

　　但是心理治疗师看出了我的不安和孤独，并告诉我，我去找她算是找对人了。

　　慢慢地，我鼓起勇气去更深入地了解自己。我经常听到自己在谈一些我自己都不知道的愿望和观点，好像这些愿望和观点是在被发现的时候才形成的。

　　我慢慢喜欢上我从心理治疗师眼中看到的那个人。当我开始在治疗过程之外展现更多的自我时，我发现别人也喜欢我这个人。

　　几年来，我学习了好几套心理治疗课程。现在别人想让我遇事慌乱还真不容易，我更善于说："见鬼去吧！"

　　如果我在逛街的时候发现牙齿上粘着菠菜，我会说："这又有什么关系呢？"年轻的时候，这样的事可能会让我恨不得挖个洞把自己埋进去，但现在我不屑一顾。这要感谢那位优秀的心理治疗师，她用同情心对我做出反应，让我明白我的心理没有什么问题。

马琳（42 岁）

　　系统的心理治疗可以提升你的自我意识，弥补那些让你不自信的缺陷，自我成长课程也有同样的作用。通常，学习小组成员都同意为我们所有的信息保密，这样大家可以尝试各种方法，做

真实的自我，表达自己内心的想法。而且你不必担心被这个群体
排除在外，因为你付过钱了，只要小组有聚会，你就可以参加。
慢慢地，你基本上就不必关心小组中其他人对你的印象了。

练 习

向至少三个人提出这个问题："你觉得我是个什么样的人？"

在不同的社交场合中给自己拍视频，再研究这些视频，了解你看上去是什么样的。

坐在镜子前，看着自己的眼睛，真诚地向自己问好："你好吗？"或者问："你现在想要什么？"每天至少这样做一次。

_____

_____

_____

_____

第七章

拥抱羞耻

每向别人展示一次自己觉得羞耻的事情，

你就会发现内心多一分自由，

焦虑也会减轻，

社交场合对你来说也就不会有太大压力了。

内 容 小 结

被羞耻感困扰时，我们最想做的事就是忘记那件事或抑制自己的羞耻感。如果想让自己的内心得到进一步的自由，你需要做的恰恰相反。新的治疗体验可能会很管用。你克服的羞耻感越多，你的自尊心和在新的情境中对羞耻感的抵抗力就越强。

每向别人展示一次自己觉得羞耻的事情，你就会发现内心多一分自由，焦虑也会减轻，社交场合对你来说也就不会有太大压力了。

发现让你觉得羞耻的性格特征或场合，会让你慢慢了解自我意识中的弱点。

一旦被羞耻感所控制，你可能会不知所措，只想尽快躲起来或逃离所处的情境。如果和羞耻感保持一定的距离，你就有其他办法应对。

你首先想到的可能是如何应对羞耻感爆发的情境。如果因为失业而羞耻，也许你会更努力地去找工作；如果踢足球时因为总是最后才被选中加入某个球队而羞耻，你可以加强训练，让自己成为一个更好的球员；如果因为自己的车脏而羞耻，你可以把车洗干净。

改变让人羞耻的情境会让人很轻松，有时这是个很好的办法。问题是，如果你过于羞耻，羞耻可能会影响到你生活中的其他方面。如果设法让自己瘦上几公斤，你可能又会关注脸上让你非常尴尬的皱纹，或者无法弄干净的指甲。

还有别的容易让人感到羞耻的情况，回避这些情况会让人付出太大的代价。比如，如果输了比赛会感到羞耻，你可能不再参加某项有益的体育活动；如果因为容易紧张而羞耻，即使有什么很重要的话要说，你也可能不会对陌生人说；如果因为单身而羞耻，你可能会为了避免单身而找一个并不适合的人。

更好地观察和了解自己，你会更能承受羞耻感带来的压力。

认真研究内心深处让你感到羞耻的情境，可以提升自我意识

　　如果曾经有过让你感到尴尬或羞耻而不愿回忆的经历，再遇到同样的情境时你就会觉得很脆弱。比如，如果在校园里常被人忽视，而且一直没能摆脱那种经历的影响，你就很难在被人忽视的其他场合中坚强起来。

　　如果你小时候人们经常以带有敌意或鄙夷的口气跟你说话，对你造成的伤害没有得到修复，你现在如果再遇到这样的情境可能还是无法适应。

　　我当时正在学一门编程课程。广告上说这门课程适合初学者，但后来我才发现是为那些水平较高的人开设的。

　　老师用了很多我听不懂的术语。我问了很多问题，但一段时间后，他就不再理睬我。

　　有一次，他脸上带着不屑的表情，叹了一口气后用恼怒的口气回答了我的问题。我回家后感觉很不好，那天晚上一夜没合眼。

　　　　　　　　　　　　　　　　　　　　　　　　艾玛（33岁）

　　如果以前没有人以恶劣的态度对待过艾玛，她当时就能发现

不对劲，因为那位老师说话的语气很不好。由于她小时候经常有人以轻蔑的语气和她说话，她没有摆脱那种经历的影响，所以没有觉察到那位老师粗鲁的行为，反而怀疑自己有问题。

如果坚信自己的价值，她就会对老师的不屑做出适当的反应。她本来可以当面和他争论，告诉他初学者课程是允许提问的，她只是想得到她能听得懂的回答；或者她可以站起来，离开课堂，因为她从这门课程中学不到什么东西。但是因为老师的态度让她想起了以前备受打击的经历，所以她当时感到震惊，却说不出话来，直到第二天她才意识到这不是自己的错。

如果你有过太多羞耻的经历，目前还未摆脱这种经历的影响，你的思想压力让你情绪不稳定，在类似情况下会觉得羞耻，不知所措。你可能会觉得自己有什么问题，不敢大声说"不"或"不要那样"来保护自己。

如果你摆脱了羞耻经历的影响，就会意识到错的不是你，从而提升自尊心。对自己更自信，了解更多，会帮助你看到有问题的是身外的情况，你就可以做出适当的反应保护自己。

羞耻感是一种与人际关系相关的情绪

如前所述，羞耻源于不和谐的互动关系。一段人际关系中出现的问题必须在另一段人际关系中解决，不一定在出问题的这一段人际关系中解决。新的人际关系可能给人一种新的体验，这有助于解决先前的问题。你可能会遇到以充满爱的眼神看着你的人，一个可以向其暴露羞耻感，而且在看到他眼神中的回应时感到自己的创伤在愈合的人。

一辈子不和谐的互动关系，可以通过一次能感觉到关心的共鸣或自己内心深藏的那一面被人了解的人际互动而得到改善。

曾经有一段时间，我不敢脱衬衫，因为肚子让我感到尴尬。我的体重比理想的多出了 10 公斤。随便走走就出汗，这也让我感到尴尬。

一个夏天，天气很热，我去参加草地派对，喝了几口啤酒后，我鼓起勇气脱下了衬衫。有那么一会儿，我低头看着地面，感觉太羞耻了。后来看到别人都一直在聊天，我放松了一点，才抬起头来。似乎没人注意到我，我也就开始享受阳光和风拂过肚皮的感觉。

卡斯珀（48 岁）

多年来，卡斯珀一直因担心被别人看到胖肚皮而感到不安和恐惧。当他最后鼓起勇气去测试这种假设时，发现并没有人为此嘲弄他或离他而去。现在，他已经得到解放了。

多年来，我感到累了就会和别人保持距离。我觉得这样做很正常，所以都没去多想。但有时候，我无法独自走开，所以当我没有精力但不得不和别人待在一起的时候，就会感到非常羞耻。就好像我没有什么可以和别人分享的，感觉自己是裸着的，好像自己有了什么毛病一样。我当时就想走开，一个人待着，这样我才有精神，看上去才正常。

我遇到现在的伴侣时，他想知道为什么我累了就不能和他在一起。为了让我开心，他说："你是不是真的在听没有关系，你说的话没什么意义也没关系啊。"在我们第一次一起去度假的一个晚上，我崩溃了，累得哭了出来。但是我这样子并没有吓到他，反而让我们更加亲近了，所以我也就更放松了。

我发现从那时起，当我没有精力控制自己的时候，跟别人在一起也挺有趣的，甚至还会让我振作起来。而且不管我精疲力竭还是精力充沛，他都一样喜欢我。

萝尔（52 岁）

有时，因为经常躲避某种场合，我们会形成习惯，甚至可能都没有想过我们为什么不愿意去这样的场合。

只要想到他人拒绝接受自己送的礼物，萨拉就会感到羞耻。

我儿子长大了，他的自行车已经太小了，但轮子还很好。我记得我小时候用自行车轮做过一个手推车。我注意到公寓楼前面的操场上有几个男孩，看起来正是喜欢玩这种自行车的年龄。

我准备下去问他们想不想要这辆自行车，可我突然停了下来，脑子里出现一幅画面：他们对这辆自行车不感兴趣，而且还嘲笑我。我一下子感到身上发冷，突然失去了内心的平静和自我意识，好像脚下的地面开始摇晃起来。那种感觉太糟糕了，我就不想送自行车给他们了。

萨拉（38 岁）

当萨拉有什么东西想送人时，常常会停下来。通常，她会想到好几个很充分的理由解释她不该去送：这样可能会被人误解；别人可能不喜欢这东西；别人会担心受骗或觉得尴尬。

如果萨拉想摆脱羞耻感，可以试着不退缩，想拿什么东西送人就去送。这样，她就会看到大多数人都会感激她的慷慨。即使偶尔有人会因为她送的东西不开心，那些正面体验也会让她变得坚韧起来，让她不再像以前那样总是觉得自己有问题。

萨拉还可以与他人分享送东西给别人的体验。

> 有一天，我和男友在一家餐馆吃饭时，我突然希望自己去埋单。但是我知道，如果他拒绝，我就会很受伤。所以我没有坚持去埋单，只是跟他讲了我想做的事："今天我想埋单，我知道你要存钱，我想让你开心点。"
>
> 我说这句话的时候感到自己很傻，而且我能感觉到自己对他如何回答非常在意。我想他当时也注意到这一点了，所以他的回答也让我很开心："那你去吧。"他用温暖、带有笑意的眼睛看着我。突然，我就觉得他是否愿意让我埋单都不重要了。
>
> 萨拉（38岁）

这个案例中，她想给予的冲动——也是她体验到羞耻的真正原因——得到了善意的回应。她从亲身体验中发现了有这种欲望也没有任何问题。她变得更坚强了，在送别人东西时也不会觉得有什么不对。现在即使有人不接受她的礼物，她也不会讨厌自己，因为她知道自己是善意的。

格尔达小时候感到难过时，没有人关注过她。父母对她不满，告诉她不要抱怨，这给她以后的生活造成了严重的问题，让她难过时无法照料自己。如果我们像格尔达一样，因为自己的情绪而对自己不满意，就很难处理好亲密的人际关系。

在开始治疗之前，我很难长时间和人保持亲密关系。我很快就会觉得厌烦，就想一个人待着。偶尔我也会尽量不和别人保持距离，因为我担心失去和我在一起的人。我会因此精疲力竭，甚至会因为一点小事哭起来。我努力掩饰自己的眼泪，痛苦不堪，害怕被人忽略。我想在没有人注意时溜走，一个人待着，这样就没有人看到我不开心。

因为抑郁，我只好接受治疗。我开始向心理治疗师展示越来越多的自我，包括眼泪。心理治疗师的关心令人欣慰，但这样做还是让人痛苦。这种感觉应该和我小时候的不开心差不多。各种情绪不断涌上心头，比如对伤害过我、让我感到自己有问题的父母的愤怒，还有因为发现从家里得到的东西太少而感到的悲伤。

几年后，我开始发现自己有点变了。感到不开心时，我很想一个人待着，同时我也有一种更迫切地想得到别人给予的温暖的需求。

格尔达（57岁）

你可能想知道为什么格尔达需要接受好几年的治疗。承认父母并不像你小时候傻傻认为的那么能干，可能是一件非常可怕的事。摆脱发现自己的童年有多可悲而造成的悲观情绪，可能需要很长一段时间。很多情绪都会爆发，你需要时间安抚自己的情绪，并重新认识自己。

当一只饥肠辘辘的狗被带到动物收容所时，你可能会以为它需要吃很多东西。但是它的消化系统无法消化吃下去的东西，所以一开始只能给它喂一小勺。这个原则也适用于那些渴望得到爱的人。你可能会认为他们需要很多爱，但是他们接受不了那么多，只能一点一点来。所以治疗需要很长时间，而对那些最需要爱的人来说，建立爱的关系会很困难。

曾经有一段时间，我的日子很不好过，和我的自我成长小组的一个组员定期见面时都觉得不开心。她对自己当时那段亲密的恋爱关系非常满意，但我了解她的情况后觉得很痛苦，这种对爱的渴望让我太痛苦了，我已经不指望这种爱会发生在我身上。我鼓起勇气把想法告诉了组长、牧师兼心理治疗师本特·福克。他建议我对那位组员说："我为你高兴，但我也感到很痛苦。我希望我能像你一样。"

我说："这些话我可以说，但说了我就是在撒谎，我唯一的感觉就是痛苦。""可怜的孩子，"他同情地看着我，"这么说你确实觉得很痛苦。"

我一边听着他的话，一边从他充满爱的眼神中了解着自己。我刚刚还在为这样的情绪恨自己，但听到他的话，我开始接受自己有这样的情绪了。

谨慎选择倾诉对象

与他人分享，可以治愈羞耻感。倾诉对象必须有一双充满爱心的眼睛；重要的是，你要体验别人听你诉说痛苦之后如何回应，不是简单的反对或置之不理。如果你说出了自己的羞耻体验，而听的人却把视线移开，或说话很刻薄，你的心情可能会更糟糕。

选择对的人表露你的羞耻情绪，这一点很重要。我可以把自己妒忌别人的事告诉教过我很多年的本特·福克，因为过去的经历让我觉得可以相信他。有时把这样的事情告诉专业人士可能比较好。举个例子，如果我把自己的想法告诉我妈妈，她可能会受到我的羞耻情绪的影响，为她生了一个不能为别人的幸福而高兴的女儿感到尴尬。她可能会说"你要放弃这种想法"，或者"你不能试着这样去做吗"之类的话，那会让我觉得更糟糕。

有时，当你感到羞耻时，最好不要告诉最亲近的人。你的羞耻感可能会影响到他们的情绪，让他们像你一样无助，或者会让他们说出一些很愚蠢的话。如果对方是你的妹妹，她可能会为有这样一个姐姐而感到羞耻……

别人也有可能无法忍受听你讲自己的羞耻经历，因为他们自己也在为类似的情况而感到羞耻。如果你的话唤醒了他们的羞耻感，他们也会难受。

选择对的时机也很重要。如果对方当时压力很大，或者忙于应付生活中的某些问题，那么他可能答非所问，因为他在想自己的心事，无法给予你充分的关注。

如果你不确定你在最脆弱的时候对方是否会表现出同情心，可以先把你的秘密告诉心理治疗师或心理学家，这样至少可以得到专业的回答。他们还可以帮你张开一张安全网，兜住你因为渴望和需求而产生的羞耻感。

和几个人分享你的羞耻体验可以尽快帮你恢复。但一般来说，有一个倾诉对象就够了。

感到焦虑时，采取小步走的应对策略

羞耻感可能会让人非常痛苦，痛苦到根本无法言说的程度。下面的建议可以帮助你慢慢积累自己的勇气。

1. 给已经过世的奶奶或其他已故的亲人写信，向他们诉说你的羞耻经历。

2. 向你不怕他不再理你的人倾诉，比如心理治疗师，也可以是医生、你不认识的人，还可以是你能匿名联系到的网上顾问。

3. 给对你来说很重要的人写信，但不要寄出。

4. 对你的伴侣或其他亲近的人讲，但只讲一点。一开始，你可以说"好像过去我曾经……"就像在说很久以前的事，这样就不会有太大的顾虑。

如果你的倾诉对象听得很认真，很和善地看着你，那么你很有可能会有勇气承认："其实这并不是很久以前的事情。"

这样你可以轻描淡写地逐步说出心事。你可能很快就会喜欢上通过分享得到解脱的感觉，这反过来又会给你战胜羞耻感和自我压抑的动力。不一定要完成所有练习，按什么顺序也没关系，可以从你认为最容易做的练习开始。也许开始时只选择一项练习对你来说最容易。有时做完第一项，后面的自然就简单了。

下面是几个采用小步走的策略做这些练习的例子。

遭人辱骂后感到羞耻

几年前，老板在我同事面前大声斥责我。我震惊得说不出话来。我当时就开始冒汗，而且能感觉到正在嚼的饼干在嘴里膨胀，甚至有一种全身瘫痪的感觉。

后来我一直很小心，一个人待着的时间也变多了。我也知道如果跟别人谈谈这件事我会感觉好点，但我没有跟任何人讲。我觉得这件事太让我尴尬，无法跟别人说。

我了解了这种逐步袒露自己的秘密的方法后，决定试试。我首先给在世时对我很好的姨妈写信讲这件事。我写这封信的时候，感觉到喉咙发紧。

后来，我决定给圣尼古拉的一位匿名顾问打电话。我喝了半瓶红酒，心情平静下来后，才有勇气拨那个电话号码。一个年轻人接的电话，他没怎么说话，就听我说。他没有批评我的疏忽行为——这导致我被大声斥责，我感觉他只是觉得对我来说发生这件事太糟糕了。

跟别人讲述这件事让我觉得自己得到了解脱，而且也获得了勇气。我决定把这件事告诉我男朋友，尽管我当时也很担心他不会同情我。我选择了我们一起去外面玩的时间。当时我们坐在沙发上，准备看电视，我让他等一下。好在他马上就明白了我是郑重其事的，所以就转身看着我。

一开始我不知道如何讲起。我欲言又止，顾左右而言他。这时候，他抓住我的手，这让我觉得好点了，我就开始掉眼泪。他抱着我，我哭着讲完了这件事。他说："你老板这样做不对，他应该为自己感到羞耻。我也总是丢三落四，每个人都会犯错。"

我感到自己心里的结慢慢解开了。后来好几天，我的心情不自觉地比以前好多了。好像原先离我而去的那个随和快乐的我又回来了。

凯伦（29 岁）

因为精力不足而羞耻

我非常感谢我的同事们，我觉得跟他们在一起很自在，成为他们当中的一员真好。但是我不像别人那么有精神，经常会觉得体力不支。我们偶尔会在下班后出去玩，这对我来说是一个很大的挑战。工作一整天后，我会觉得很累，我需要静养。但我想跟他们一起去，想融入这个团队，所以我也会跟他们去。

但我总是第一个回家。一开始我会因为提早离开而感到不好意思。大多数情况下，我总是想着偷偷溜走，不让任何人看到。我想回家的时候，都已经累得快要哭了。我为自己没有像别人那样精力充沛而感到难过。我知道，如果有同事给我一个告别拥抱，我都会崩溃，那样的话就更糟糕了。但是不辞而别，我也不好意思。

了解了这种渐进法后，我就鼓起勇气去解决我的问题。首先，我给同事们写了一封信，告诉他们那种情况下我有多么尴尬。信只是写给自己的，我从来没想过要寄出去。写出来，我的压力就轻了，这种感觉很好。我把写好的这封信放在一边好几天，然后又读了一遍。突然，我觉得情况也没有那么糟糕。毕竟，我没有违法，行为也不恶劣。

我决定和同事们讨论一下这件事。过了好几个星期，我总算找到一个合适的场合。那天我的状态很好，我的计划是直截了当摆出我遇到的问题。但我只说了几句话，就开始哭了，声音变得很小，这样可能让我的话听起来更可信。他们都很理解我，他们说也注意到我时不时看起来很疲惫，都觉得我们现在能够讨论这个问题挺好的。

大家都说，如果我不想告别，不辞而别也没什么问题，现在知道我为什么这样做了。我最好的同事告诉我，她很想给我一个告别拥抱，还说就算是我哭了，也没有任何关系。她听说我因为比别人更早离开而感到难过时，表示能理解我。这让我卸下了一个很大的思想包袱。

比吉特（32 岁）

如果在感到羞耻时被人看到真相，被人理解，我们就可以摆脱羞耻感的控制。

这样让人解脱的体验来得越早越好。如果你在和真正能理解你的人沟通时，表现出自己感到羞耻的一面，你会有一种全新的、很重要的体验。当你在别人的眼中得到认可时，当你感到那种羞耻时，你的自我意识中存在缺陷的、没有生机的部分就会充满活力，你的生命就会成长，就会生机盎然。

练 习

列出生活中让你感到羞耻的事情或场合，然后把它们画在你的自画像中。你可以回头看第三章，回顾一下你画的自我意识有缺陷的那张图。不必列出感到羞耻的所有事项，找几个例子试试看。

下图是米娜画的：

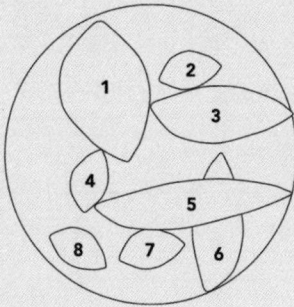

1. 我看上去很累的时候。

2. 我的头发有点油腻的时候。

3. 我不知道该说什么的时候。

4. 别人不采纳我的建议的时候。

5. 我的孩子不愿和别的孩子分享，当众大哭大闹的时候。

6. 我希望客人离开的时候。

7. 我想逗别人乐，但没有人笑的时候。

8. 我五年级被当众批评的时候。

选择图中的某一点，想出一个具体的情境。想想如何跟别人描述这个情境和你感到羞耻的情况。

选择第120页中的一项建议，并开始练习（向过世的人倾诉、向你不怕他不再理你的人倾诉、写在你不会发出的信里、向对你来说很重要的人只讲一点，而且让人听起来好像是很久以前的事一样。）

_____

_____

_____

第八章

小心，
羞耻感会代代相传

人际关系中不和谐的互动会代代相传，

不和谐的互动引起的羞耻感也是如此。

内 容 小 结

如果你想弥补自己精神方面的缺陷，最好和那些很有勇气的
人，或者对自己的个性中好的和不好的方面都能坦然接受的
人在一起。向那些能做到你也想做的事的人学习非常有用。

让你感到羞耻的因素不是偶然出现的，而是你从所处的文化
及你父母那里学到的（你父母是从他们的父母那里学到的）。
羞耻感会代代相传，你父母和祖父母很可能也同样因为让你
感到羞耻的事情而感到羞耻，这意味着他们不可能成为你想
摆脱羞耻感时可以学习的好榜样。

如果周围的人和你打交道时利用你很容易感到羞耻的特点，
那么你要明白这一点——设定自己的底线。比如，你可以直
接说，他们这样做让你感觉很不舒服。

　　如果你想减轻羞耻感，有个很好的办法是去了解跟你在一起的人，包括你经常想到的人，或现实生活中经常打交道的人。和能让你发挥出最佳才能的优秀的榜样在一起的时间越长越好。而和容易引发羞耻情绪的人在一起，你会时刻保持警惕，总是想着与他们保持距离。

　　如果你脸皮薄，怕别人对你有负面评价，这种缺点可能会被你周围的人利用。你会很容易成为某些人的"猎物"，他们知道如何让你觉得你有问题。只要有人随便暗示一下你有问题，你就可能相信自己确实有问题。

　　如果你说不参加聚会，有人说"你真无聊"，你就会想改变主意。

　　别人总是会说出很多他们认为需要注意的问题。让一个人感到羞耻的事情太多了，不胜枚举。

　　下面是几个例子：

　　"我为你做了那么多，我希望你至少应该有感激之情。"

　　"你没有权利这样做。"

　　"你觉得别人会怎么看你？"

　　"我永远不会做你做的那种事。"

　　"你真的是那种人吗？"

　　"你还没做完啊？"

"没什么好伤感 / 担心 / 抓狂的。"

"我不敢相信你会说那种话。"

"你还觉得那样啊？"

"我就是不明白，我从来没有那样的感觉。"

"这件事你没有办法，真的吗？"

"我没想到你是这样的人。"

（如果以积极的语调说出来，这些话不一定会让人羞耻。）

让人羞耻的话的共同点是，或明或暗地告诉你，你这个人有问题。以积极的语气请求，比如"你愿意帮我做这件事吗"或"做件好事，帮我个忙"，也可以让你做你不太想做或没有精力做的事，因为这种请求暗示你，如果你不做就不够好，就不是个好人。

有时要让你感到羞耻，不一定要说话。一个表情，轻轻摇摇头或翻翻白眼，立即会让一个总是担心自己有问题的人感到羞耻。羞耻的反应会让你重新考虑是否可以为了别人改变一下你设定的界限。

过去，人们利用羞耻感教育孩子。当你想让别人听你的话时，这是一种有效的方法。我是 20 世纪六七十年代在丹麦最北端的文德西塞尔长大的，当时那里的人就用这种方法。人们会让孩子站在墙角，以此让他们感到羞耻。

比如，我沉默时，妈妈会生气，她有时会说："人们认为你一点头脑都没有。"我妈妈小时候，家里人就是利用她的羞耻感教育她的，所以她也使用同样的方法教育我。我想她不知道这给我造成了多大的伤害，或许她认为我最好学会像她一样生活。

我们很难对有意让我们感到羞耻的话充耳不闻，特别是那些像妈妈一样很亲近的人说的话。我从来没有为她的话直接和她争执——我从来都不敢。但我还是要劝你，不要让别人利用你的羞耻感左右你。比如，你可以告诉他们，你不会听他们没有建设性的批评，或者你要是心情不好就直接走开。

你满怀善意，但在某些人际关系中没有底线，我也完全能理解。我知道对你很亲近的人说"不"简直是无法做到的事。

代际相传的羞耻感

人际关系中不和谐的互动会代代相传，不和谐的互动引起的羞耻感也是如此。你父母很可能同样会因为让你感到羞耻的情况而感到羞耻。他们的父母和祖父母也都可能遇到过这种情况。比如，你妈妈小时候受到惊吓时没有得到别人的同情，而且一辈子都没能摆脱这种情况的影响，那么你表现出恐惧时，她就无法感同身受。这样你就可能继承你家人的羞耻感。

如果你在一个很多成员都感到羞耻的家庭中长大，而如今想鼓起勇气挑战羞耻感，你的父母和祖父母可能不会是最好的榜样。在努力接受自己的时候，你需要向其他榜样学习如何大胆表现真实的自我。

找到好的榜样

羞耻会传染。如果和其他小心翼翼不愿敞开心扉的人在一起，你做事可能也会很谨慎。勇气也会传染。看到别人做你希望自己有足够的勇气去做的事，会对你有所帮助。比如，你看着别人跳绳，大脑中控制相同动作的区域会被激活，可能会有自己也在跳绳的感觉。

这个道理也适用于情感表达。当你看到别人想去亲近另一个人，会觉得这是很自然的事。但换成你去亲近别人时，就会觉得不自在。如果你一直在那个场合，看到这个人主动接近他人而且很开心，你也会希望能那样做。

与羞耻感比你少且乐于做你会觉得羞耻的事的人相处，会为你提供学习和自我成长的机会。比如，如果你因为唱歌不好而感到羞耻，那么和那些不管唱得好不好只管大声唱的人在一起，你会觉得不舒服，但这是成长的好机会。你对自己的约束会受到挑战，而且你会看到别人很享受，也没有什么不对劲。越觉得别人大胆唱歌感觉很好，你就越愿意跟他们一样去唱。这就是集体疗法很有效的原因。

有时，观察别人解决问题，可以让你摆脱戒备、焦虑或羞耻。至少你会更有勇气去跨出一步，展示真实的自我。

观察别人展示你没有自信的那一面，可以弥补自我意识中的缺陷。找到一个好的榜样并和他们在一起很有用。

现实生活中能找到榜样最好，如果没找到，那电视上的榜样也可以，总比没有榜样好。

注意有建设性的心声

内心选择和哪个人进行思想交流，对我们来说也很重要。我很幸运，有很多时间和牧师、心理治疗师本特·福克在一起。我觉得有什么问题时，就会在心里找到他，我通常都会听到他说："就是这样。"我几乎可以看到他包容的眼神，感受到他的热情，而在我放松、深呼吸后，能感觉到内心有力量掌控自己的身体。

你生命中的贵人很可能偶尔会出现在脑海中，批评或支持你。

这个贵人可以是父母，也可以是你的老师、心理治疗师或朋友。他们可能会说，"你可以解决这个问题"或"你本来还可以做得更好"。

如果有人对你过于挑剔，试试把他们的指责写在纸上，和朋友一起讨论，这样也可能会剔除一些过于尖刻的东西。如果你同时也注意积极的声音，而且一有机会就提醒自己是从哪里听到的，那么这些很有可能也是你经常听到的内心的声音。

练 习

回顾一下你的人际关系。

哪些人为你提供了积极的反应？

如果你认真去想，是否能想到更多这样的人？

路过时对你微笑的邻居？向你投来善意目光的公交车司机或杂货店店员？

你觉得你在他们眼中是什么样的？

你是否认识坦率诚实、犯了错误也能大胆承认的人？或者你有没有在电视上看到过这样的人？

仔细观察，想象如果你像他们一样的话会是什么样，想象他们处在你的位置会如何行动。

_____

_____

_____

_____

第九章

找回对自己的同情心

如果你一辈子都习惯自责，

那么你需要进行大量练习，

才能在出现问题后第一时间激活对自己的同情心。

内 容 小 结

你对自己感觉不好，是因为发生过什么不好的事，但你没什么问题。

发现这个真相后，你会自在很多。但你也会因为以往的孤独或对爱的渴望而感到懊悔。

与自己建立更富有爱心的联系，可以让你更轻松地摆脱那些感觉很糟糕的经历的影响。在有些场合，你还是会感到尴尬，但不再会像过去一样对自己失去信心了。

如果和自我保持距离，我们会感到非常孤独。

如果被羞耻感控制，我们会从别人的角度看待自己——可能是以一种讨厌的眼光来评判自己——然后觉得自己做错了什么。

我们会一下子和自我拉开距离，就像电话忽然中断了一样。你可能会努力忘记所发生的事。这样会面临一个风险，就是你的自我意识中可能会出现一个你不想让别人发现也不想让你自己发现的缺陷。

而你内心就有一部分会迷失，开始过一种不为他人所知的生活，好像被放逐了一样。这不光让你无法坦诚面对自己，还会让你更难与他人建立亲密关系。

如果你想召回迷失的那部分，让自我意识重归完整，你就要学会以全新的眼光来看待那些让你羞耻的记忆。

出了问题的不是你

如果你感到非常羞耻，就会觉得自己总是有各种各样的问题。

是的，是出了问题，但出了问题的不是你。

你的生活中很可能发生了以下一种或多种情况：

1. 你在生活中经历了几次不和谐的人际交往，让你变得脆弱。

你觉得自己情绪不对劲时，你在家里的互动中可能也不是那么理智，或者感情沟通不是那么顺畅。这种情况可能已经延续了好几代。

2. 你觉得只有自己出了问题。实际上，如果认真分析，大家都一样。可能有的人能够表现得好像他们一切都好，没有任何问题。但只要深入了解，我们就会发现真相：人与人之间相同的地方远远多于不同的地方。

多年来，作为牧师和心理治疗师的工作经验告诉我，尽管表面上看起来人与人之间有很大差异，但每个人都有孤独、无助和对自己不满的时候。如果承受的压力够大，即使是最优秀的人也难以控制自己的贪婪和其他不良的性格特征。你可能会感到特别羞耻，不知所措，在这一点上你与其他人几乎没有什么不同。

3. 在你的羞耻情绪爆发的那一刻，可能别人对你做出的反应和你发出的信息不合拍。他的言行举止看起来可能不正常，不合适。也许他只是在自说自话，他的话可能和你说的无关；或者他的话是对你的另一面的反应，而你这个时候恰好忘记了自己的那一面。当你说一切都很好时，对方的表情或语气可能是对你试图掩盖却被他发现的悲伤情绪的反应。

换句话说，人在羞耻时认为自己出了问题的感觉与你是个什么样的人或与你当时正在做的事无关。可能只是你和别人的人际互动出了问题，或者表明你之前曾经历过不和谐的人际互动，误以为自己出了问题，但这是一个可以纠正的错误。

不要被焦虑压倒

许多人终其一生没有与任何人分享过自己的羞耻经历，在羞耻的记忆困扰他们时也没安慰过自己。

他们害怕暴露自己，一直过着孤独的生活。

我心里一直非常矛盾，内心的焦虑大声喊："缩成一团，从地球上消失吧！"焦虑让我想远离所有的群体。我不敢做任何事，只能龟缩在保护壳里，独自生活。

约瑟芬（38 岁）

约瑟芬不敢挑战自己的焦虑，不敢摆脱她的保护壳去做任何事，不敢大声表达自己的想法，不敢表达反对意见，也不敢自由自在地跳舞。相反，她愿意让羞耻感控制自己，所以尽量一个人待着。即使与别人在一起，她也感到孤独，因为不敢表达自己的想法，不敢表现真实的自我。

也许你也感受过同样的焦虑，也许有时候你像个太听话的孩子，会按老师说的那样乖乖站在墙角。即使可以和别的孩子一起去外面玩，你也会待在原地不动。

如果不敢摆脱内心的恐惧，你就会蜷缩在内心的防护壳里，不敢大胆地寻找可以治愈羞耻的爱和关注。想过坦荡的生活，就必须忘记内心的恐惧，走向外面的世界，即使内心的恐惧尖叫着让你回去，也不回头。

从羞耻到内疚

弄清羞耻和内疚的区别，你就可以更好地接受自己（请参阅第一章第 30 页相关内容）。

简单来说，内疚是因为你做错了什么事情而产生的感觉，而羞耻则是担心自己有什么问题的感觉。

一般来说，一件事情可能会让你感到既羞耻又内疚。比如，对孩子大喊大叫，他开始哭泣时，你可能会感到内疚。你可能会问自己："我竟然会做这样的事，我成什么人了？"这就是羞耻的表现。你觉得自己是个坏人，或不值得别人尊重。

内疚和羞耻常常交织在一起，把这两种情绪区分开会有很多好处。内疚容易承受，不会影响到你整个人，通常你可以采取补救措施。

让孩子哭这件事可能是你做错了，但你还是个好人。你可以为自己对孩子要求太严苛而向孩子道歉，以此摆脱内疚感。

我们很容易陷入非此即彼、非美即丑、非好即坏的思维定式，但承认很多事情具有两面性，对自己的情绪健康很重要。

比如，称职的父母会不断地做出既有批评又有肯定的反应："你现在生气了，但你还是个可爱的孩子。"也可以说："这件事你做错了，但你还是个好孩子，我爱你。"或者说："你的尖叫让我听着不舒服，但没有关系，你这样做也很正常。"

如果父母无法用辩证的思维和你交流，你可能很难弄清内疚感和羞耻感之间的区别，即使只犯了一次错误，也会觉得自己很失败。你可以大声对自己说出下面这些话，帮自己区别内疚感和羞耻感：

我做了一件错事，但我还是个好人。

我现在情绪低落，但我还是个好人。

我犯了一个错误，但我还是个好人。

如果把羞耻感与内疚感区别开来，有时你的羞耻感就消失了。内疚可以通过道歉或补偿来解决。

找回对自己的同情心

重要的是恢复被羞耻感切断的你与自我之间良好的关系。下面这些话可以帮你做到这一点，把这些话大声说出来或写下来。

——你觉得自己好像出了什么问题。确实是出了问题，但出问题的不是你。

——你已经尽力了。每个人都有犯错误的时候，这些错误会使别人和自己失望，但你还是个好人。

——和别人没什么不同。就像所有人一样，你这样做也很正常。

如果愿意的话，你可以坐在镜子前面，看着自己的眼睛说出这些话，拍拍自己的肩膀，轻轻抚摸自己的头发或脸颊。

给自己写一封充满爱心的信

给自己写一封热情洋溢的信，是培养自我同情心的一个好办法。比如，回忆一个曾经让你感到羞耻的情境，用充满爱心的眼光审视自己，给那个当时因为羞耻而不知所措的人写一封信。下面是夏洛特给自己的一封信：

亲爱的夏洛特：

  你因为没有团队愿意接纳你而感到羞耻。你感觉很不好，很尴尬，很不开心，甚至想消失。但你还是留了下来，应付了这一情况——你做得很好。

  你陷入如此痛苦的境地并不是你的错。这一切不是因为你有什么问题，只是因为你过去与其他人有过许多不和谐的互动。

  你很容易受到别人的影响，是因为没有人告诉过你你的价值，没有人教过你该如何照顾自己。而课程讲师也不称职，没能解决学习课程的学员之间的冲突。

  你没有什么问题。你这样做很正常。

爱你的夏洛特

  下次遇到尴尬或羞耻的情况时，你也可以写一封信，给自己力量和安慰，并把写好的信放在方便拿到的地方。下面是我写给自己的一封信。

亲爱的伊尔斯：

  现在，你可能觉得自己出了点问题。不过这种感觉很快就会消失。再过一个月，你会觉得现在这种感觉很可笑。你的妹妹会喜欢听到你关于自己如何陷入困境的有趣故事。你心里也知道自己并不比别人差。现在你可能感觉不好，但这只是一种幻觉。如果你拉开自己与这种感觉的距离，你就会意识到这种感觉微不足道，并不能说明你是个什么样的人。

爱你的伊尔斯

以关爱、热情和友好的态度跟自己对话或给自己写信，是很好的训练。

如果你一辈子都习惯自责，那么你需要进行大量练习才能在出现问题后第一时间激活对自己的同情心。

如果你觉得写一封安慰自己的信有点奇怪或觉得不好写，也可以先给别人写一封信。选一个你喜爱的人，甚至可以选一个电影里的人。写完以后再把这个人的名字换成你自己的。

你可以像锻炼肌肉一样锻炼自己的同情心。这需要毅力和不断重复才能产生效果，但你会养成一个新习惯：你可以在觉得自己有什么问题时为自己打气。

克服懊悔情绪，培养自我同情心

当你用关爱的眼神看着自己，意识到自己的问题是因为过去的生活中缺少了什么，而不是自己出了问题的时候，你的羞耻感就会转化为一种懊悔情绪。当你为自己遭受的损失感到懊悔，你会发现自己确实值得尊重。

当你从一开始就缺少的东西中审视自己的生活时，你可能会觉得自己能成为现在这个样子是很值得骄傲的。

通过克服羞耻感，你可以避免将父母和祖父母遗传给你的羞耻感再传给后代。如果你善于关爱自己，这种爱便会像水中涟漪一样向周围的人和后代传播。

练 习

　　坐在镜子前，对自己说些善意的话。你可以看看第 144 页中的话。

　　想想过去曾经让你感到羞耻的情境，向感到羞耻时的自己写一封充满体贴、关爱的信。

　　写一封下次你遇到尴尬的情境时可以安慰自己的信，信里要写上你在自尊心备受打击时想听的话。

_____

_____

_____

_____

让空虚开花

修复自我意识中的缺陷，

让自己更深刻地参与到生活和他人中，

什么时候开始都不晚。

　　富于同情的关怀就像雨水，能让荒漠开出花朵。即使已有几百年没有雨水的滋润，沙土中的种子仍然活着，静静地睡着，等待甘露的滋养。雨水终于降临的那一天，种子便开始发芽。

　　修复自我意识中的缺陷，鼓起勇气跨出那一步，让自己更深刻地参与到生活和他人中，什么时候开始都不晚。

"……空虚会看向我们，低声跟我们说：

'我并非一无所有，我代表无限可能。'"

——摘自托马斯·特朗斯特罗姆的《维梅尔》（《特朗斯特罗姆诗歌集》，2011 版）

这段摘录提醒我们，不要逃避空虚，也不要逃避那些可以触发我们自我意识中有缺陷的东西，因为这里面有无限可能等着我们去实现。

鸣谢

我想对以下诸位表示感谢：

注册心理治疗师、神学硕士本特·福克，著有包括畅销书《诚实对话》在内的诸多作品。他在个人发展以及专业发展方面都为我提供了巨大的帮助。

尼尔斯·霍夫梅尔，一位心理学硕士，去世前一直担任格式塔研究所的所长。多年来，他一直是我灵感的源泉。

我也想谢谢所有阅读了本书并提供积极反馈的人：艾伦·博尔特、马尔基斯·克里斯蒂安森、克里斯汀·格容特福德、利恩·克朗普·霍尔斯特德、马丁·哈斯特拉普、詹·卡·克里斯滕森、隆恩·索加德、克里斯汀·桑迪以及克努德·埃里克·安德森。感谢各位为这本书的完成所做的贡献。

参考文献

Buber, Martin:I and Thou.Martino Fine Books, 2010.

Davidsen-Nielsen, Marianne og Nini Leick:Healing Pain:Attachment, Loss, and Grief Therapy.Routledge, 1991.

DeYoung, Patricia A.:Understanding and Treating Chronic Shame – A Relational/Neurobiological Approach.Taylor & Francis Ltd. 2015

Falk, Bent:Honest Dialogue.Presence, common sense, and boundaries when you want to help someone.Jessica Kingsley Publishers, 2017.

Fonagy, P:The mentalization-focused approach to social development.In J.G.Allen & P. Fonagy (Eds.), The handbook of mentalization-based treatment.(s. 53-99).John Wiley & Sons Inc. 2006 Hart, S. Brain, Attachment, Personality:An Introduction to Neuroaffective Development.London:Karnac Books 2018.

Jung, C. G. :The Undiscovered Self.Later Printing (6th) edition (1958)

Kierkegaard, Søren:The Sickness unto Death.Penguin Classics; First Printing edition (August 1, 1989)

Kierkegaard, Søren:The Concept of Anxiety.Princeton University

Press; First Edition (US) First Printing edition (February 1, 1981)

Miller, Alice:The Drama of the Gifted Child.Basic Books, 1997

Della Selva, Patricia Coughlin:Intensive Short-term Dynamic Psychotherapy:Theory and Technique.London:Karnac Books.1996.

O'toole, Donna:Aarvy Aardvark Finds Hope.Compassion Press, 1988.

Sand, Ilse:Highly Sensitive People in an Insensitive World:How to Create a Happy Life.Jessica Kingsley Publishers, 2016.

Sand, Ilse:On Being an Introvert or Highly Sensitive Person – a guide to boundaries, joy, and meaning.Jessica Kingsley Publishers, 2018

Sand, Ilse:The Emotional Compass:How to Think Better about Your Feelings.Jessica Kingsley Publishers, 2016.

Sand, Ilse:Venlige øjne på dig selv – slip dårlig samvittighed. Gyldendal 2020

Sand, Ilse:Tools for Helpful Souls – especially for highly sensitive people who provide help either on a professional or private level. Jessica Kingsley Publishers, 2017.

Stage, Carsten:Skam.Aarhus Universitetsforlag 2019 Sørensen, Lars:Skam.Hans Reitzels Forlag 2013 Tranströmer, Tomas:Samlede Tranströmer.Rosinante 2011 Yalom, Irvin D:Existential Psychotherapy, 1980.

伊尔斯·桑德作品

《高敏感是种天赋》（2014）
讨论高敏感人群以及羞耻、内疚和沟通方式。

《共情沟通：读懂并影响他人的核心奥秘》（2014）
关于如何在支持性对话中运用心理治疗的工具，及如何有效照顾自己。

《高敏感是种天赋：情绪管理篇》（2016）
讨论情绪的意义以及了解和控制情绪的方法。

《高敏感是种天赋2：践行篇》（2017）
一本关于边界、愉悦感和意义的指南，探讨作为一个内向者或高敏感者意味着什么，不同之处又在哪里，以及一些让内向者和高敏感者可以更好地处理棘手情况的建议和工具。

《高敏感是种天赋3：沟通篇》（2018）
如何修复或摆脱已经恶化的人际关系，介绍帮助你重建、改善或结束一段关系的方法。

《靠近爱：拥抱积极的人际关系》（2020）
讨论无意识的自我保护策略妨碍充满生机的、有爱的关系的方式以及如何有意识地摆脱这些策略。

《内疚清理练习：写给经常苛责自己的你》（2020）
介绍帮助你摆脱过度的内疚感，以友善的眼光看待自己的方法。